Études de l'OCDE sur l'eau

Changement climatique, eau et agriculture

VERS DES SYSTÈMES RÉSILIENTS

OCDE
DES POLITIQUES MEILLEURES
POUR UNE VIE MEILLEURE

Merci de citer cet ouvrage comme suit :
OCDE (2015), *Changement climatique, eau et agriculture : Vers des systèmes résilients*, Études de l'OCDE sur l'eau, Éditions OCDE, Paris.
http://dx.doi.org/10.1787/9789264235076-fr

ISBN 978-92-64-23506-9 (imprimé)
ISBN 978-92-64-23507-6 (PDF)

Série : Études de l'OCDE sur l'eau
ISSN 2224-6215 (imprimé)
ISSN 2224-6223 (en ligne)

Crédits photo : Couverture © Taro Yamada/corbis, © Igor Dudchak - Fotolia.com

Les corrigenda des publications de l'OCDE sont disponibles sur : *www.oecd.org/about/publishing/corrigenda.htm*.

Avant-propos

Les interactions entre le changement climatique, l'eau et l'agriculture sont nombreuses, complexes et liées aux conditions régionales. Le changement climatique peut avoir des répercussions sur les ressources en eau en agissant sur plusieurs variables : modifications de la quantité et de la répartition des précipitations ; incidences sur la qualité de la ressource en cas de modification du ruissellement, du débit des cours d'eau, de la rétention et, partant, de la charge en éléments nutritifs ; et survenue d'événements extrêmes, inondations et sécheresses, notamment. Ces modifications du cycle de l'eau peuvent à leur tour profondément modifier la production agricole dans pratiquement toutes les régions du monde et avoir des répercussions déstabilisantes pour les marchés agricoles, la sécurité alimentaire et les utilisations non agricoles de l'eau. Il est donc extrêmement souhaitable d'examiner la gestion et la politique de l'eau agricole dans le contexte du changement climatique. De même, une analyse solide des stratégies d'atténuation du changement climatique et d'adaptation au changement climatique dans le secteur agricole devrait mettre davantage l'accent sur le cycle de l'eau.

Une analyse bien fondée des politiques devrait s'appuyer sur l'état des connaissances des principaux liens existant entre changement climatique, eau et agriculture, et identifier les lacunes dans les connaissances et les incertitudes. Les connaissances présentent d'importantes lacunes dans le domaine des impacts saisonniers, des phénomènes extrêmes et de la variabilité de la disponibilité en eau puisque de nombreuses études actuelles portent sur des échelles temporelles annuelles. Cela représente un défi de comparer les évaluations des impacts régionaux induits par les données climatiques (et autres) provenant de sources très différentes, et cela risque de conduire à des résultats contradictoires et potentiellement erronés. Il existe aussi des incertitudes importantes s'agissant des impacts du changement climatique sur les systèmes hydrologiques dans les différents modèles.

L'impact du changement climatique sur la qualité de l'eau est aussi complexe et extrêmement incertain. Des inondations plus fréquentes et plus graves pourraient mobiliser les charges en sédiments et les contaminants associés et exacerber les répercussions sur les systèmes hydrologiques, tandis que des sécheresses plus graves pourraient réduire la dilution des polluants, et de ce fait augmenter les problèmes de toxicité. La relation entre la qualité de l'eau et les conditions météorologiques et le climat est cependant très complexe et il est difficile de faire des projections à son sujet quel que soit le scénario de changement climatique.

Du point de vue du marché et de l'action publique, l'impact du changement climatique sur le cycle de l'eau, et les conséquences qui en découlent pour l'agriculture soulignent l'importance de stratégies générales d'adaptation et d'atténuation. Par exemple, il pourrait être nécessaire d'investir davantage dans le drainage et la maîtrise des ressources en eau pour lutter contre les inondations ou dans les retenues d'eau pour lutter contre les sécheresses ; l'augmentation escomptée des événements extrêmes peut vouloir dire qu'il est nécessaire d'adapter ou de développer davantage les dispositifs de gestion des risques agricoles dans certains pays, et la rareté des ressources en eau à certains moments de la saison de végétation pourrait nécessiter de mettre en place des accords de partage de l'eau entre tous les usagers de l'eau.

L'identification et la hiérarchisation des stratégies d'adaptation relatives à la gestion de l'eau agricole dans le contexte du changement climatique ne sont pas des tâches faciles en raison des fortes incertitudes concernant l'impact du changement climatique et la capacité des systèmes agricoles actuels de supporter ces impacts. De plus, la résilience des systèmes agricoles au changement climatique n'est pas uniquement une question de gestion de l'eau, bien qu'en pratique cette dernière puisse être prédominante. Au-delà de l'efficacité de l'utilisation de l'eau dans l'agriculture, le défi consiste aussi à construire des systèmes agricoles qui dans l'ensemble sont moins dépendants des ressources en eau. Mais quelle que soit l'importance relative de l'eau dans le défi de l'adaptation, le fait est qu'il n'est pas réaliste d'envisager la gestion de l'eau agricole sans prendre en compte le changement climatique.

Les principaux objectifs de ce rapport sont d'étudier les principaux liens entre changement climatique, eau et agriculture ; d'identifier et d'examiner les stratégies d'adaptation pour une meilleure utilisation et une meilleure conservation des ressources en eau dans le secteur agricole dans le contexte du changement climatique ; et, sur la base de ce qui a été dit ci-dessus, de fournir des conseils aux décideurs sur une combinaison appropriée de politiques et d'approches par le marché permettant de prendre en compte l'interaction entre l'agriculture et les systèmes hydrologiques dans le contexte du changement climatique. Ce rapport se fonde sur un examen de la documentation portant sur les divers aspects de l'interaction changement climatique, eau et agriculture.

Remerciements

Ce rapport, initialement commencé par Kevin Parris (aujourd'hui retraité de l'OCDE), a été préparé par Julien Hardelin et Jussi Lankoski de l'OCDE. Il utilise la documentation contenue dans un ensemble de trois rapports de consultants, en particulier :

- *Impact of Climate Change on Water Quantity and Quality and Implications to Agriculture – A Review*, par Ximing Cai (Professeur à l'Université de l'Illinois à Urbana-Champaign), Xiao Zhang, Paul H.C. Noël et Majid Shafiee-Jood (respectivement étudiant de cycle supérieur, étudiant inscrit en doctorat et assistant de recherche à l'Université de l'Illinois à Urbana-Champaign), en particulier pour le chapitre 1.
- *Extreme Weather Events and Climate Change: Implications for Agriculture*, par Michael J. Roberts (Professeur associé, Department of Agricultural and Resource Economics, Université d'État de Caroline du Nord) et Emiko Naomasa (étudiant inscrit en doctorat, Université d'Hawaii à Manoa), pour les chapitres 1 et 2.
- *Agricultural GHG Mitigation Practices, Water Resources and Water Quality*, préparé par Bruce A. McCarl (Professeur émérite d'économie agricole, Université A&M du Texas), pour le chapitre 2 sur l'adaptation, et l'annexe C.

Ce rapport a été déclassifié par le Groupe de travail mixte sur l'agriculture et l'environnement en avril 2014.

Table des matières

Tableaux

Graphiques

Encadrés

Résumé

L'eau occupe une place centrale dans l'adaptation de l'agriculture au changement climatique. La production agricole est fortement tributaire des fluctuations régionales et temporelles de variables climatiques telles que les précipitations et la température. Les répercussions du changement climatique sur l'agriculture se produisent au niveau des besoins en eau des cultures, de la disponibilité et la qualité de l'eau, ainsi que d'autres facteurs affectés à la fois par les évolutions progressives à long terme et par les événements extrêmes, à différentes échelles, du local au continental en passant par le régional. De plus, le climat non seulement change mais devient *non stationnaire*, ce qui signifie que les prévisions ne peuvent plus se baser uniquement sur les observations passées.

Les interactions entre le changement climatique, l'eau et l'agriculture sont nombreuses, complexes et liées aux conditions régionales. Le changement climatique peut avoir des répercussions sur les ressources en eau en agissant simultanément sur plusieurs variables : modifications de la quantité et de la répartition dans le temps des précipitations ; incidences sur la qualité de la ressource en cas de modification du ruissellement ; débit des cours d'eau ; rétention et, partant, charge en éléments nutritifs ; et survenue d'événements extrêmes, inondations et sécheresses, notamment. Les interactions entre les variables météorologiques qui conditionnent la production agricole, comme les températures et les précipitations, sont difficiles à caractériser. De plus, les preuves scientifiques sur lesquelles reposent les prévisions des conséquences sur l'eau douce sont très limitées lorsqu'il s'agit de renseigner la prise de décision de mesures pratiques d'adaptation au niveau local. Ces interactions complexes multiplient les incertitudes au sujet de l'impact du changement climatique sur l'agriculture.

Le changement climatique pourrait faire augmenter la fréquence et la gravité d'événements extrêmes tels que les inondations et les sécheresses, et exercer des répercussions négatives importantes sur la production agricole. La plupart des études consacrées à l'impact potentiel du changement climatique se sont principalement intéressées aux évolutions prévues des précipitations et des températures moyennes, et aux liens entre ces changements et certains résultats mesurables ayant des implications économiques claires. En revanche, les données sont généralement moins fiables en ce qui concerne la hausse des écarts de température entre le jour et la nuit et entre l'hiver et l'été, l'accroissement de la variabilité des températures et son ampleur, et les effets du changement climatique sur la fréquence et la gravité des événements pluviométriques extrêmes, des tornades, des cyclones, etc. En dépit des nombreuses incertitudes qui entachent les données scientifiques concernant la modification des événements extrêmes, la non linéarité de la fonction de dommage (convexe) signifie que c'est elle qui devrait être la plus coûteuse.

La gestion de l'eau agricole fait intervenir des questions de biens publics, d'externalités et de gestion des risques, c'est pourquoi l'adaptation privée au changement climatique ne peut remplacer l'adaptation collective. Toute stratégie de gestion de l'eau agricole doit donc, dans un souci de cohérence, agir aux cinq niveaux suivants en tenant compte des interactions qui existent entre eux :

- *L'exploitation agricole* : adaptation des pratiques de gestion de l'eau et des systèmes de culture et d'élevage.

- *Le bassin versant* : adaptation des politiques de l'offre et de la demande d'eau dans le secteur agricole et compte tenu des autres utilisateurs (urbains et industriels) et utilisations (écosystèmes).
- *La gestion des risques* : adaptation des systèmes de gestion des risques de sécheresse et d'inondation.
- *Les politiques et marchés agricoles* : adaptation au changement climatique des politiques et marchés agricoles existants.
- *Les interactions* entre atténuation et adaptation de la gestion de l'eau agricole.

Les politiques publiques peuvent créer un environnement propice à l'adaptation au niveau des exploitations. L'adaptation de l'agriculture nécessitera selon les régions, des ajustements seulement marginaux (avancement des dates de semis, par exemple), ou des changements structurels profonds exigeant une complète réorganisation des modes de production, et une révision des systèmes de culture et d'élevage. Ces changements structurels pourraient entraîner des coûts d'ajustement élevés que ne seront pas en mesure d'assumer toutes les exploitations, en particulier celles qui connaissent déjà des difficultés financières. Les pouvoirs publics peuvent faciliter l'adaptation au niveau des exploitations en assurant la collecte et la diffusion d'informations pertinentes et propres au site sur les impacts prévus du changement climatique et les meilleures pratiques d'adaptation et en apportant une assistance technique. En cas de changements structurels, les pouvoirs publics pourraient chercher à lisser dans le temps les coûts de la transition en planifiant l'adaptation et en octroyant des aides financières temporaires dans des situations clairement définies.

Au niveau des bassins versants, l'application de règles de partage de l'eau souples, robustes et bien conçues et d'instruments économiques (tarification de l'eau et échanges de droits sur l'eau, notamment) peut faciliter l'adaptation des hydrosystèmes. Compte tenu de la nature de plus en plus non stationnaire des phénomènes climatiques et de l'augmentation prévue des risques climatiques, les systèmes d'allocation des ressources en eau entre les exploitations agricoles et entre les autres usages devraient être suffisamment souples et robustes pour permettre une utilisation efficiente de l'eau, en tenant compte des effets redistributifs et des usages prioritaires. Le prix fictif de l'eau peut varier sensiblement pendant la période de végétation. Dans le même temps, l'adaptation est un processus permanent à long terme qui passe par un apprentissage, des investissements, et peut être ralenti par l'inertie institutionnelle. Deux types d'incitations doivent donc être envisagés pour améliorer la répartition des ressources en eau selon l'horizon temporel considéré :

- ***Des incitations à court terme***, pour permettre aux systèmes agricoles de faire face aux fluctuations intra-*saisonnières* des ressources en eau, et réaffecter les ressources au profit des usages les plus efficients pendant la période de végétation.

- ***Des incitations à long terme,*** pour s'adapter à la modification constante des conditions d'approvisionnement en eau, en tenant compte d'autres facteurs (croissance de la population, augmentation de la demande des villes, écosystèmes, etc.).

Il convient de peser les avantages relatifs des instruments économiques au regard de ces deux horizons temporels. Les enseignements tirés par les pays qui ont utilisé ou utilisent ces instruments économiques constituent un bon point de départ pour la réflexion à venir dans le contexte du changement climatique. Les mécanismes de tarification de l'eau et d'échange de droits sur l'eau pourraient non seulement offrir un cadre économique stable pour encourager l'investissement en faveur de l'adaptation, mais aussi une souplesse précieuse à court terme d'ajustement aux variations saisonnières de l'offre et de la demande d'eau, si le mécanisme est conçu de telle sorte que les fluctuations soit de quantités soit de prix envoient les bons signaux de pénurie aux usagers de l'eau. Toutefois, la réduction du volume ou du nombre de ces quotas, ou l'augmentation du prix de l'eau, pour tenir compte de la baisse prévue des disponibilités moyennes peut être coûteuse politiquement, ce qui représente un défi important. D'une façon plus générale, la question des incitations à long terme nécessite une planification de l'adaptation basée sur les données scientifiques les plus fiables, et un examen attentif des droits sur l'eau qui existent déjà, qu'ils soient explicites ou implicites.

Les instruments de gestion des risques tels que la prévention et l'assurance peuvent être très utiles pour assurer la gestion du risque accru d'inondation et de sécheresse et contribuer à la résilience de l'agriculture au changement climatique. Le changement climatique modifie profondément le paysage de la gestion des risques naturels. Même en l'absence de changement climatique non stationnaire, les assurances avaient déjà du mal à prendre en charge les situations météorologiques extrêmes telles que les inondations et les sécheresses, cela pour plusieurs raisons : les risques corrélés et le manque d'informations statistiques pour calculer le montant des primes en fonction des risques. Les nouveaux outils de gestion des risques tels que l'assurance indexée sur les conditions météorologiques et les obligations catastrophe peuvent se révéler utiles pour améliorer l'efficience des systèmes d'assurance mais sont toujours au stade expérimental. Il est par ailleurs important de conserver une approche globale de la gestion des risques en agriculture.

Les marchés des produits de base peuvent jouer un rôle important en lissant dans le temps l'impact des événements météorologiques extrêmes sur la volatilité des prix. Il est important que les marchés soient ouverts pour rendre pleinement compte de la modification des avantages comparatifs découlant des changements climatiques tout en mutualisant les risques de façon à ce que les pertes de rendement dans une région donnée puissent être compensées par des importations. Les marchés des stocks, s'ils sont compétitifs et s'ils fonctionnent bien, peuvent réduire le coût de la volatilité intertemporelle des prix liée aux événements météorologiques extrêmes et réduire la probabilité de variations brutales des prix alimentaires de façon très temporaire. Il reste cependant à déterminer comment ces marchés peuvent intégrer la non-stationnarité du climat : la question reste ouverte à ce jour. Les pouvoirs publics pourraient avoir un rôle à jouer en créant un environnement favorable au stockage privé et à des marchés des stocks compétitifs.

Les pratiques d'atténuation climatique pourraient avoir des conséquences positives ou négatives sur la gestion de l'eau agricole et sur la qualité de l'eau. Les potentielles synergies et incompatibilités entre les pratiques d'atténuation et de gestion agricole dépendent cependant de chaque site et les connaissances présentent bien souvent d'importantes lacunes. Bien que la question soit complexe, il est important de tenir compte de ces interactions dans la conception des politiques d'atténuation, de réduire le risque de conflits entre les objectifs des politiques d'atténuation et de gestion de l'eau et de tirer le meilleur parti des synergies qui pourraient exister.

Chapitre 1

Effets du changement climatique sur le cycle de l'eau et conséquences pour l'agriculture

Ce chapitre présente les principaux impacts du changement climatique sur l'offre en eau et la demande d'eau agricole pour ce qui concerne les cultures et l'élevage, les relations entre le changement climatique, l'agriculture et la qualité de l'eau, et les événements hydrologiques extrêmes tels que les sécheresses et les inondations. L'objectif principal de ce chapitre est de fournir la trame de fond pour l'analyse de l'action publique en termes d'adaptation et d'atténuation dans ce domaine.

Le changement climatique peut affecter les systèmes agricoles à travers diverses manifestations dont les interactions complexes produisent des effets directs et indirects. Théoriquement, une augmentation de la concentration de CO_2 dans l'atmosphère peut, toutes choses étant égales par ailleurs, stimuler la croissance végétale et doper les rendements en intensifiant la photosynthèse (fertilisation par le dioxyde de carbone). Mais elle peut aussi exercer des influences complexes sur des variables climatiques telles que la température, la pluviométrie et le déficit de pression de vapeur. *In fine*, les effets du changement climatique sur un système agricole donné résultent d'une *combinaison de variables climatiques en interaction mutuelle* à l'*échelle locale.* En outre, *l'oscillation et la variabilité saisonnières* des paramètres climatiques pourraient être aussi importantes que la modification des projections moyennes relatives aux variables climatiques. L'impact du changement climatique sur l'agriculture combine donc une *cascade d'incertitudes multiplicatives* (Wreford et al., 2010 ; OCDE, 2014a) :

- incertitude concernant les projections climatiques : y compris l'ampleur du changement, le modèle d'évolution dans le temps des variables climatiques, leurs interactions, etc. ;
- incertitude relative à la réponse biologique des systèmes de culture et d'élevage, etc. ; et
- incertitude concernant les avantages et les coûts des mesures d'adaptation potentielles au changement climatique.

Même si les interactions sont complexes et les incertitudes importantes, l'eau, en tant qu'intrant essentiel de la production agricole, occupe nécessairement une place de premier plan dans les effets du changement climatique sur l'agriculture et dans le processus d'adaptation. Le **graphique 1.1** propose un cadre simplifié indiquant de quelles façons le changement climatique peut influer sur les systèmes agricoles à travers la modification du cycle de l'eau (pour une analyse plus détaillée des liens existants, voir l'annexe A, FAO, 2011). D'après les projections, le changement climatique s'accompagne d'évolutions à long terme de variables climatiques telles que la température, les précipitations, etc. Il pourrait aussi accentuer la fréquence et la gravité des phénomènes météorologiques extrêmes tels que les inondations, les sécheresses et les cyclones. Le changement climatique peut avoir des répercussions aussi bien sur les disponibilités que sur la demande d'eau agricole.

- Le changement climatique peut avoir des conséquences *directes* sur les disponibilités d'eau à travers la modification de la pluviométrie et *indirectes* à travers celle des compartiments hydrologiques (eaux de surface, eaux souterraines, neige et glaciers, etc.), qui peuvent être utilisées en agriculture, que ce soit pour l'irrigation ou le bétail, par exemple.
- La demande d'eau agricole peut varier suite aux modifications du système de culture ou d'élevage requises par la nécessité de s'adapter au changement climatique ou encore en raison de modifications des besoins en eau des cultures, elles-mêmes liées aux variables climatiques (températures élevées, vent, etc.).

À ces multiples sources d'incertitude, il faudrait ajouter le rôle des *facteurs non climatiques* qui peuvent aussi influer sur le partage de l'eau, y compris la croissance démographique, l'évolution des habitudes alimentaires et des modes de vie dans les pays émergents et en développement, et l'accélération de l'urbanisation. Dans les *Perspectives de l'environnement de l'OCDE à l'horizon 2050* (OCDE, 2012a), le scénario de référence prévoit une hausse de 55 % de la demande d'eau mondiale, qui passerait de 3 500 km^3 en 2000 à 5 500 km^3 en 2050, essentiellement pour satisfaire les besoins accrus du secteur manufacturier, de la production d'électricité et des ménages (**graphique 1.2**).

Graphique 1.1. Principaux liens entre le changement climatique, le cycle de l'eau et les systèmes agricoles

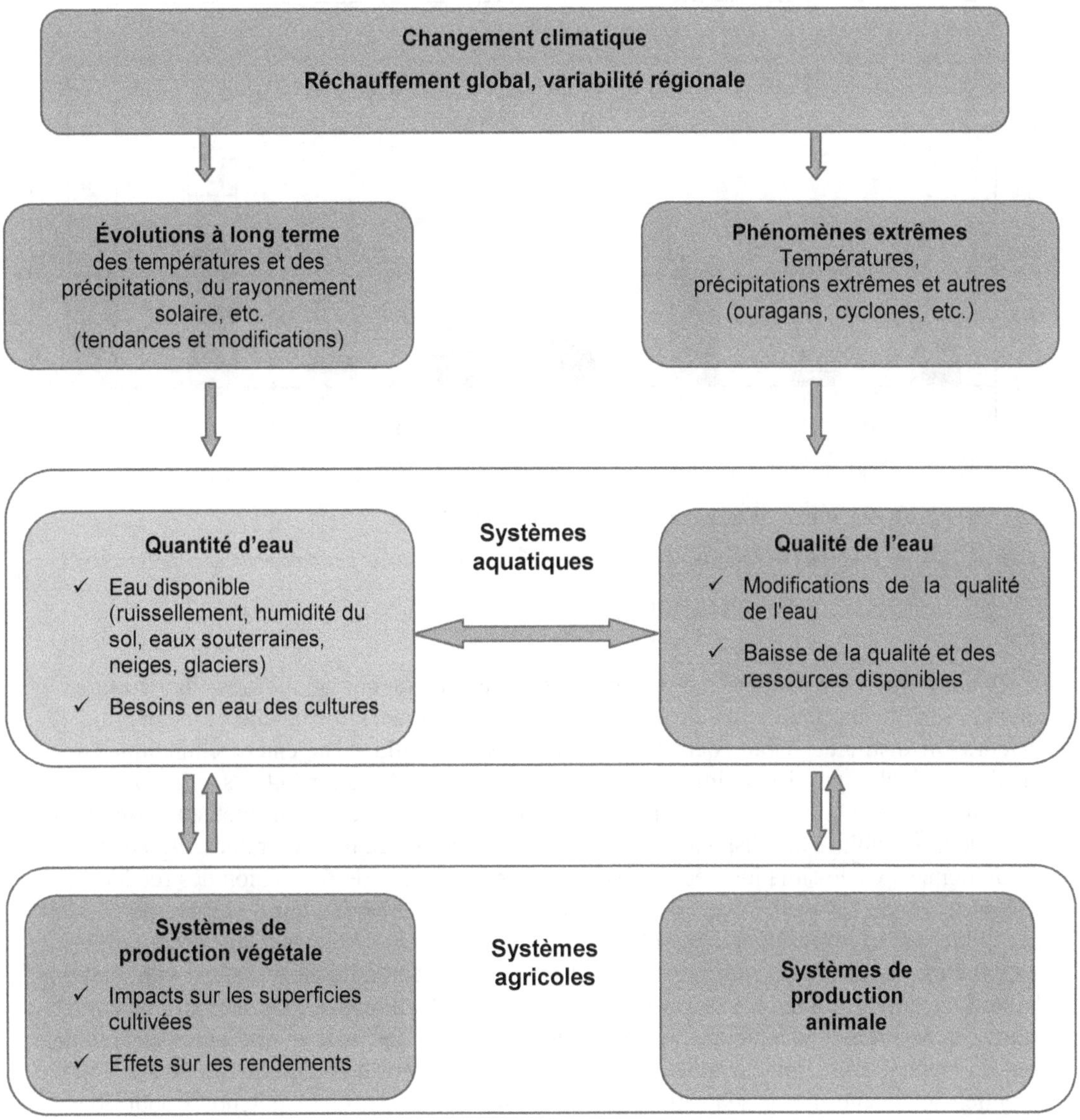

Source : Cai, X., X. Zhang, P, Noël et Shafiee-Jood, M. (2013), *Impact of Climate Change on Water Quantity and Quality and Implications to Agriculture – A Review*, rapport préparé par un consultant, non publié.

Graphique 1.2. Demande d'eau mondiale : scénarios de référence, 2000 et 2050

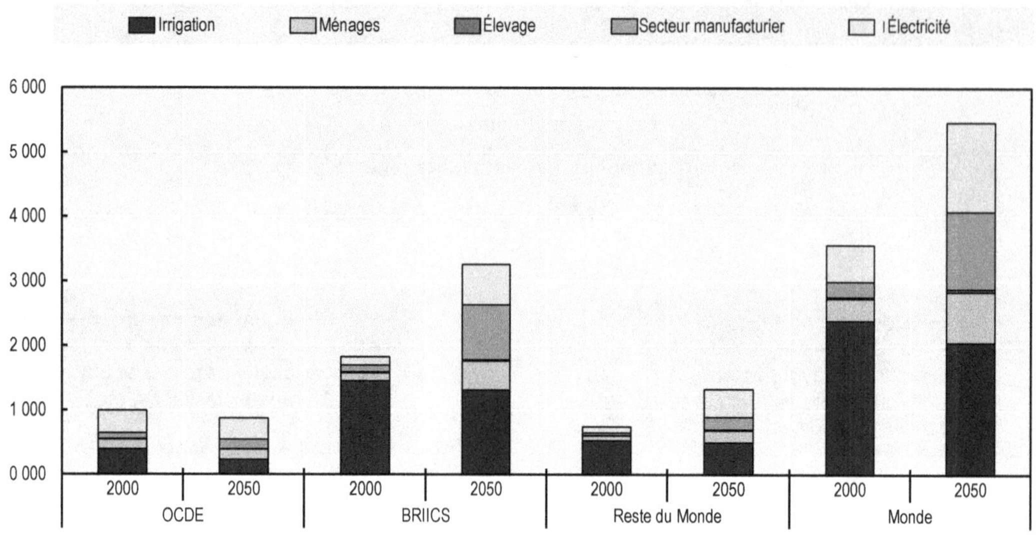

Note : BRIICS : Brésil, Russie, Inde, Indonésie, Chine, Afrique du Sud.

OCDE (2012), *Perspectives de l'environnement de l'OCDE à l'horizon 2050: Les conséquences de l'inaction*, Éditions OCDE.
doi: http://dx.doi.org/10.1787/env_outlook-2012-fr .

Il convient, pour caractériser l'impact du changement climatique sur l'agriculture, y compris le rôle particulier de l'eau, de prendre en compte les capacités d'adaptation du secteur. On distingue habituellement les *effets potentiels* du changement climatique, dont l'analyse n'inclut pas les politiques ou les capacités d'adaptation, et les *effets nets*, qui incluent ces deux dimensions. Supposons, par exemple, que le changement climatique accentue la variabilité des disponibilités d'eau (pluviométrie, eaux souterraines, etc.) dans une région donnée. Cette situation peut faire augmenter les risques de fluctuation des rendements. L'impact net, en revanche, dépendra de la manière dont les agriculteurs sauront gérer l'eau disponible, par exemple en améliorant la productivité de leurs systèmes culturaux, en utilisant des variétés xérophiles ou en rationnalisant l'utilisation d'eau à l'échelle de leur exploitation. Il importe, pour mesurer les effets nets du changement climatique, de prendre en compte toutes ces mesures d'adaptation. Le **graphique 1.3** illustre les trois composantes essentielles dont doit tenir compte toute évaluation : l'exposition et la sensibilité, qui définissent les effets potentiels, et les mesures d'adaptation, que l'on « soustrait » des effets potentiels pour obtenir les effets nets.

Les sections suivantes du chapitre passent en revue les principaux effets du changement climatique sur la fourniture et la demande d'eau agricole (y compris pour les cultures et le bétail), sur les liens entre changement climatique, agriculture et qualité de l'eau et sur les phénomènes météorologiques extrêmes comme les sécheresses et les inondations. Ce chapitre se propose essentiellement d'offrir un cadre pour l'analyse des stratégies visant à s'adapter au changement climatique et à l'atténuer, stratégies qui sont examinées au chapitre suivant.

Graphique 1.3. Effets potentiels et effets nets du changement climatique

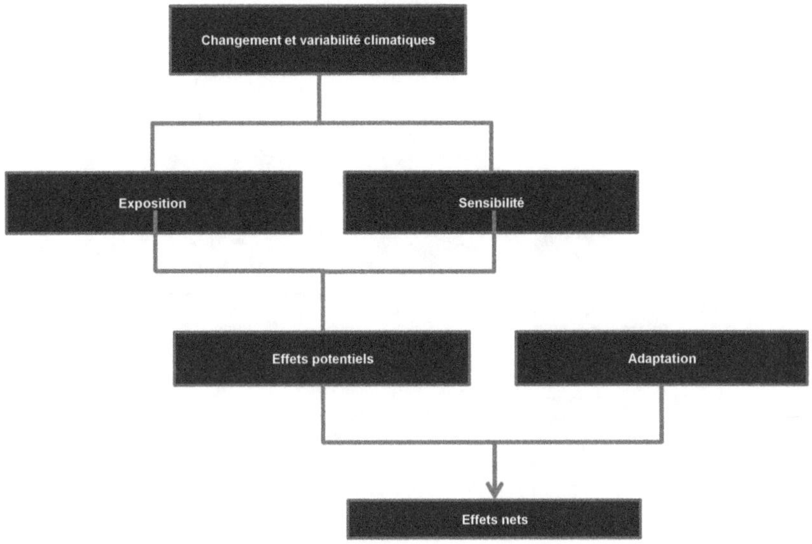

Source : d'après Fellmann, T. (2012), "The assessment of climate change-related vulnerability in the agricultural sector: Reviewing conceptual frameworks", dans A. Meybeck, J. Lankoski, S. Redfern, N. Azzu, et V. Gitz (eds.) *Building resilience for adaptation to climate change in the agriculture sector – Proceedings of a Joint FAO/OECD Workshop*, Rome, 23-24 avril 2012.

Effets du changement climatique sur le cycle de l'eau

Précipitations et eaux de surface

Les projections relatives aux régimes des précipitations restent très incertaines, surtout à l'échelle locale (OCDE, 2014a). Globalement, les projections des modèles climatiques montrent que le changement climatique pourrait entraîner une accélération du cycle de l'eau, avec des épisodes pluvieux plus fréquents et plus intenses. Outre cette tendance générale, les effets du changement climatique sur le cycle de l'eau pourraient varier en fonction des régions. On note en particulier que, d'après les projections disponibles, les précipitations moyennes augmenteront probablement aux latitudes élevées ainsi que dans les zones humides des latitudes moyennes et diminueront en été aux latitudes moyennes et dans les zones sèches subtropicales (GIEC, 2013). Pour les régions où les bassins sont alimentés essentiellement par les eaux de pluie, diverses études ont conclu à une saisonnalité accrue des flux, avec des débits de pointe plus élevés, des débits d'étiage plus faibles et des périodes de sécheresse prolongées (GIEC, 2007a ; AEE, 2012).

De telles modifications des régimes des précipitations influeraient sur la dynamique des compartiments tels que les rivières, les lacs, les nappes souterraines et les glaciers. L'augmentation des précipitations en hiver et au printemps pourraient se traduire par un gonflement du débit des cours d'eau et, au final, par des inondations plus fréquentes et plus graves. La baisse des précipitations en été pourrait quant à elle faire diminuer le débit des cours d'eau, avec des risques de pénuries temporaires à des périodes cruciales pour les cultures. Des évolutions de ce type concernant la saisonnalité des débits sont attendues dans la plupart des régions d'Europe, sauf les plus septentrionales et méridionales. Le **graphique 1.4** illustre les projections relatives à l'évolution du débit de quatre fleuves européens : le Rhône (France et Suisse), le Danube (Europe centrale), l'Indalsaelven (Suède) et le Guadiana (Espagne).

Graphique 1.4. Projections d'évolution du débit moyen journalier du Rhône, du Danube, de l'Indalsaelven et du Guadiana

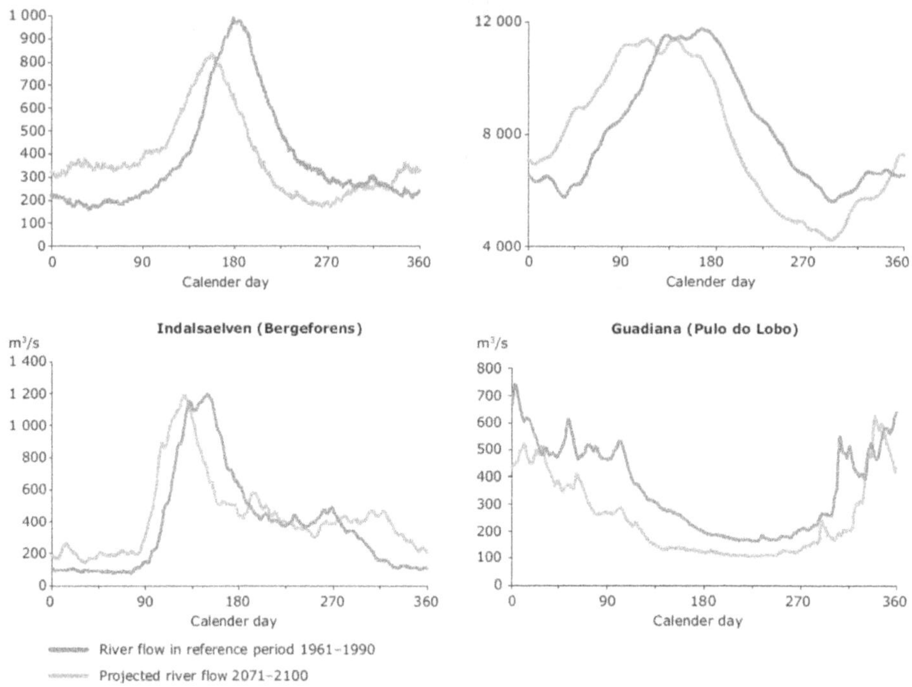

Légendes

Rhône

Jour calendaire

Débit du fleuve pendant la période de référence 1961-1990

Projection de débit pour 2071-2100

Source : AEE (2012), *Climate change, impacts and vulnerability in Europe 2012 – An indicator-based report*, Agence européenne pour l'environnement.

Glaciers et neige

Les glaciers sont la première réserve d'eau douce sur terre. L'eau stockée sous cette forme est une véritable assurance hydrologique pour la région où elle se trouve (durant la sécheresse qu'a subie l'Europe en 2003, le débit du Danube était trois fois supérieur à son débit moyen à long terme). On estime que les changements climatiques à long terme ont eu une incidence sur les glaciers, qui ont tendance à reculer, en particulier depuis les années 1980. Les glaciers jouent aussi un rôle capital dans plusieurs régions du monde, en lissant le débit des cours d'eau dans le temps, dont l'irrigation est dans certains cas fortement tributaire (FAO, 2011).

Eaux souterraines

Les modifications des régimes pluviométriques au cours d'une même année ou d'une année sur l'autre peuvent aussi altérer les taux de recharge des nappes souterraines, même si les incertitudes sont importantes et les impacts fortement liés aux conditions locales (Taylor et al., 2012). Le changement climatique pourrait également avoir des implications sur les interactions entre le milieu aquatique souterrain et le milieu aquatique de surface, puisque le stress hydrique exercé sur ce dernier pourrait être transmis au premier pendant la saison sèche. Le changement climatique devrait aussi faire augmenter de façon indirecte la demande d'eau souterraine en réponse à la raréfaction de l'eau superficielle et l'augmentation de la fréquence et de la sévérité des sécheresses. Un tarissement des nappes souterraines peut commencer à être observé dans certaines zones ou s'aggraver ailleurs. Les prélèvements d'eau à des fins agricoles, y compris pour l'irrigation, représentent déjà une fraction substantielle des prélèvements d'eaux souterraines dans certains pays (**graphique 1.5**) et la tendance à une multiplication des épisodes de sécheresse devrait inciter à puiser dans les nappes souterraines pour combler le déficit d'eau destinée aux cultures.

Graphique 1.5. Part de l'agriculture dans l'utilisation totale des eaux souterraines, et part des eaux souterraines dans l'utilisation totale d'eau, pays de l'OCDE, 2007

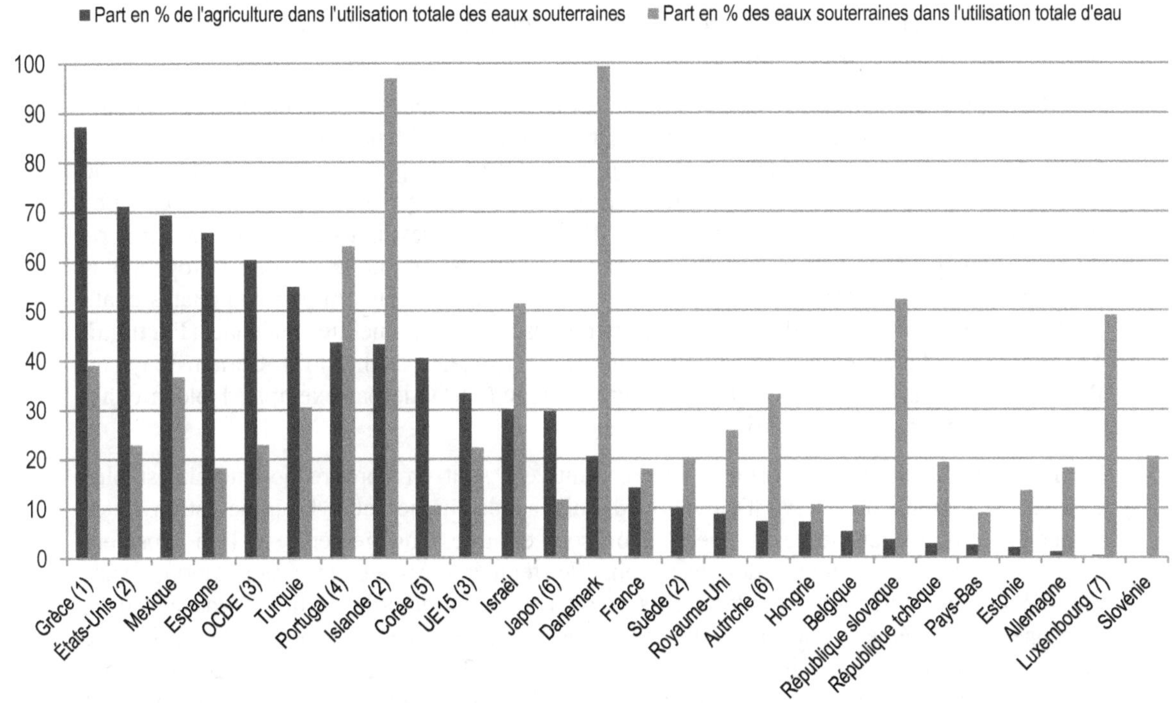

1. Les données pour la Grèce correspondent à l'année 2004.
2. Les données pour les États-Unis et l'Islande correspondent à l'année 2005. En Islande, l'utilisation d'eaux souterraines par l'agriculture comprend la pisciculture.
3. Les données concernant l'UE15 et l'OCDE sont à interpréter avec circonspection : les totaux couvrent des années différentes selon les pays et tous les pays membres ne sont pas pris en compte. L'UE15 exclut la Finlande, l'Irlande et l'Italie. L'OCDE exclut l'Australie, le Canada, le Chili, la Finlande, l'Irlande, l'Italie, la Nouvelle-Zélande, la Norvège, la Pologne et la Suisse.
4. Les données pour le Portugal correspondent à l'année 2000.
5. Les données pour la Corée correspondent à l'année 2002.
6. Les données pour le Japon et l'Autriche correspondent à l'année 2008.
7. Les données pour le Luxembourg correspondent à l'année 2010.

Source: OCDE (2014b), *Compendium des indicateurs agro-environnementaux de l'OCDE*, Éditions OCDE.
doi : http://dx.doi.org/10.1787/9789264181243-fr ; Questionnaires sur les indicateurs agro-environnementaux de l'OCDE.

Effets du changement climatique sur les disponibilités d'eau et sur la production agricole

Effets sur les besoins en eau des cultures

Le changement climatique peut avoir des incidences non seulement sur les disponibilités d'eau mais aussi sur les besoins en eau des cultures. Ces derniers sont définis comme la quantité d'eau nécessaire à la croissance normale d'une culture pendant une période donnée en conditions de terrain (FAO, 2008). Quand les précipitations sont inférieures aux besoins d'évapotranspiration, on parle de *déficit hydrique*. En pareil cas, c'est l'eau d'irrigation qui peut pallier le manque. Sous l'effet du changement climatique, les cultures pluviales actuelles pourraient avoir besoin d'être irriguées pour continuer d'assurer une productivité raisonnable et les besoins des cultures irriguées actuelles pourraient augmenter ou diminuer (FAO, 2011).

Quelques études ont été consacrées aux effets du changement climatique sur les besoins mondiaux d'eau agricole (Döll, 2002 ; Fischer et al., 2007). Döll (2002) prévoit une légère augmentation des besoins des cultures, mais bien moindre que celle indiquée dans d'autres travaux, où les estimations oscillent entre 5 % et 20 % (Fischer et al., 2007 ; Nelson et al., 2009). Dernièrement, les projections climatiques pour 2070-2099 de Zhang et Cai (2013) ont indiqué des disparités entre les pays : les besoins en eau devraient diminuer dans certaines régions du monde (**Afrique**, **Australie** et **Chine)** mais augmenter en **Europe**, dans le **nord de l'Inde**, ou dans l'**est de l'Amérique du Sud et des États-Unis**. Ces résultats sont fonction des types d'affectation des sols (agriculture pluviale ou irriguée) et leur caractère incertain est inhérent aux méthodes d'évaluation.

On dispose de résultats plus précis pour les différentes régions, conditionnés cependant par les incertitudes entachant les prévisions climatiques (Holden et al., 2003 ; Tao et al., 2003). D'après Tao et al. (2003), les besoins en eau agricole pourraient augmenter dans le nord de la **Chine** et diminuer légèrement dans le sud du pays dans les années 2020. Les besoins et les déficits pourraient diminuer en **Europe** de l'Ouest mais augmenter en **Europe** de l'Est (Zhang et Cai, 2013). L'évolution des précipitations fait que le sud de l'Europe a plus de probabilités que le nord d'enregistrer des déficits hydriques plus importants (Bates et al., 2008). Le stress hydrique devrait s'accentuer dans la région méditerranéenne (**Portugal**, **Espagne**) et certaines régions d'**Europe** centrale et orientale (Döll, 2002). Certains pays où l'irrigation est quasiment inexistante à l'heure actuelle (l'Irlande par exemple, Holden et al., 2003) pourraient devoir y recourir massivement.

L'**Australie**, dont la majorité des terres cultivées sont en bordure de littoral, est plus exposée aux problèmes liés à l'élévation du niveau de la mer et à l'augmentation de la fréquence et de l'intensité des tempêtes, moussons et autres changements. Si l'on considère uniquement l'effet conjugué des variations de températures et de précipitations, sans modification de l'affectation des terres, les besoins en irrigation et les déficits hydriques dans les zones non irriguées pourraient diminuer d'ici la fin du siècle, même si les ordres de grandeur sont extrêmement incertains (Zhang et Cai, 2013). Quiggin et Horowitz (2003) ont établi que, en Australie, les cultures de climat tempéré pourraient se décaler progressivement vers le sud, où le climat deviendrait plus propice à l'agriculture. Kingwell (2006) estime en revanche que la complexité géographique du pays pourrait remettre en cause ce scénario du « décalage vers le sud ».

L'Amérique du Nord présente une géographie hétérogène et les effets du changement climatique peuvent varier notablement selon les zones et les périodes considérées. L'étude récente de Zhang et Cai (2013) donne des résultats contrastés en fonction des régions. Les résultats concernant le stress hydrique par région peuvent aussi varier sensiblement selon les scénarios et les modèles climatiques. Des sécheresses saisonnières pourraient frapper certaines régions, même si on peut également s'attendre à une augmentation des précipitations (FAO, 2008). Si ces sécheresses surviennent durant la période critique pour la croissance des plantes, les besoins en irrigation en seront considérablement modifiés.

Le décalage de la saison de croissance de certaines cultures complique également l'estimation des besoins d'irrigation liés au changement climatique (Minguez et al., 2007 ; Ortiz-Bobea, 2012 ; Ortiz-Bobea et Just, 2012). L'élévation de la température pourrait allonger la saison de croissance dans les zones tempérées septentrionales – d'où la possibilité d'avancer les semis ou plantations et de retarder la récolte – mais pourrait en même temps la raccourcir dans d'autres régions du monde (Piao et al., 2006 ; FAO, 2008). L'allongement de la saison de végétation pourrait accroître les besoins en eau des cultures. En outre, suite aux modifications du climat, il se peut que certaines plantes deviennent impropres à la culture dans certaines régions. Ces évolutions-là rendent encore plus compliquée l'estimation des besoins en eau des cultures.

Effets sur le rendement des cultures

Le changement climatique influe sur les rendements agricoles à travers diverses manifestations : modification de la concentration de CO_2 dans l'atmosphère, augmentation de la température, modifications des régimes de précipitations et de transpiration, fréquence accrue des phénomènes extrêmes liés à l'eau, des ravageurs et des adventices ((Tubiello et al., 2007). Ces variables climatiques interagissent avec les pratiques de gestion agricole et plus largement avec les systèmes de culture et d'élevage. Il est difficile d'isoler les effets sur les rendements agricoles d'une modification des variables liées à l'eau, mais il est probable que celle-ci devienne un facteur limitant majeur de la production agricole dans la plupart des régions du monde. Il existe principalement deux méthodes pour évaluer les effets du changement climatique sur les rendements : les modèles agronomiques et l'analyse statistique (**encadré 1.1**), qui n'intègrent pas de la même façon l'influence des apports en eau sur les rendements des cultures.

Encadré 1.1. Méthodes d'évaluation des effets du changement climatique sur les rendements des cultures

Modèles agronomiques

La plus ancienne méthode d'évaluation des effets du changement climatique sur les performances agricoles, qui est aussi la plus répandue et a été utilisée notamment dans le dernier rapport du GIEC (2007), se fonde sur des *modèles culturaux déterministes* conçus par des phytobiologistes. Ces modèles mathématiques s'appuient sur les paramètres fondamentaux de la photosynthèse combinés aux processus de développement propres à la croissance des végétaux et à la formation des graines. En général, les modèles sont alimentés par des relevés journaliers de températures, de précipitations et de rayonnement solaire. En dernier ressort, le développement végétatif est limité par la quantité de soleil, ainsi que l'azote et l'eau disponibles. Les modèles CERES (Crop Environment Resource Synthesis) et STICS (Simulateur mulTidisciplinaire pour les Cultures Standard) en constituent des exemples. Un grand nombre de ces modèles sont maintenant compilés et maintenus dans un programme informatique appelé DSSAT (Decision Support System for Agrotechnology Transfer). Par ailleurs, le modèle AgMIP (Agricultural Model Intercomparison and Improvement Project) vise à améliorer les projections relatives aux cultures et à l'économie en établissant un lien entre les méthodes existantes de modélisation et en les comparant (Rosenzweig et al, 2013).

En ce qui concerne les caractéristiques du sol, le principal facteur intéressant le modèle est la quantité d'humidité qu'il peut conserver et stocker après des épisodes pluvieux. Les caractéristiques du sol peuvent aussi être importantes pour la teneur en nutriments (l'azote pour les cultures céréalières, en particulier) quand les apports réalisés par les agriculteurs ne sont pas appropriés. Dans les pays développés, il est rare que le manque de nutriments limite la production de cultures. Dans les pays en développement, en revanche, c'est un problème majeur.

Le principal inconvénient des modèles de cultures est qu'ils sont souvent paramétrés pour des données liées à des parcelles expérimentales et l'on connaît mal leur efficacité prédictive concernant les rendements qu'obtiendront effectivement les agriculteurs. Certains modèles se sont progressivement complexifiés, des ajustements ont été opérés, de nouveaux facteurs ont été pris en compte pour tenter d'améliorer la précision des prévisions et des hypothèses ainsi que les données de laboratoire susceptibles d'expliquer les écarts entre résultats modélisés et résultats observés.

Modèles statistiques

Une autre méthode de modélisation des effets de la météorologie et du climat sur les cultures consiste à établir des comparaisons statistiques directes entre les éléments météorologiques et climatiques et les rendements effectifs (Roberts et al., 2012). L'hétérogénéité des conditions météorologiques et climatiques est une des caractéristiques importantes de la méthode statistique. Une période d'observation prolongée dans un endroit donné montre que les variations météorologiques sont effectivement aléatoires du point de vue de l'agriculteur. Comparer les effets du climat sur des cultures situées dans des lieux différents est une tâche plus délicate car des différences locales (hors différences climatiques) peuvent aussi jouer et faire conclure à tort à certains liens de causalité.

Lorsque des séries chronologiques servent d'expérience naturelle viable, on peut s'appuyer sur des comparaisons transversales de variations météorologiques aléatoires (en évitant tout biais éventuellement lié à l'omission de variables) pour avoir une idée des possibilités d'adaptation.

L'application de la méthode statistique aux rendements agricoles présente toutefois des inconvénients : les corrélations, même si elles peuvent être considérées comme causales (effets statistiques des conditions météorologiques ou climatiques sur les rendements) ne mettent pas en évidence le mécanisme physiologique sous-jacent ; examiner une culture en particulier présente un intérêt limité car une mesure d'adaptation possible consisterait à choisir une autre culture ; en outre, par nature, la fertilisation par le dioxyde de carbone n'est pas prise en compte.

La principale conclusion des modèles statistiques est que les chaleurs extrêmes tendent à être de bien meilleurs indicateurs des rendements que les précipitations (Lobell et Burke, 2008). Cette tendance empirique peut sembler contredire les prévisions essentielles des modèles de cultures, qui désignent souvent les précipitations comme le principal facteur limitant des systèmes agricoles pluviaux (Sinclair, 2010). On observe depuis quelque temps des efforts croissants pour remédier à ce décalage apparent entre les modèles de cultures et les modèles statistiques.

Avec la méthode des rendements statistiques, Lobell et al. (2011a) ont constaté que l'on s'attendait à une diminution des productions mondiales de maïs et de blé de 3.8 % et 5.5 %, respectivement, due au changement climatique ; tandis que pour le soja et le riz, les effets positifs et négatifs se compensaient dans l'ensemble. La première raison de ces effets est que la tendance à la hausse des températures entre 1980 et 2008 était assez marquée pour annuler les bénéfices qu'avaient permis la technologie, la fertilisation par le CO_2 et d'autres facteurs. Dans une autre étude, Lobell et Field (2007) ont montré que « malgré la complexité de l'offre alimentaire mondiale, (…), des mesures simples des températures et des précipitations pendant la période de croissance (moyennes spatiales calculées à partir de la localisation de chaque culture) expliquent à peu près 30 %, voire plus, des variations en glissement annuel des rendements moyens mondiaux pour les six cultures les plus répandues dans le monde. Pour le blé, le maïs et l'orge, la réponse des rendements mondiaux à l'élévation des températures est clairement négative ».

L'évaluation récente des effets du changement climatique et de la vulnérabilité en **Europe** (AEE, 2012) donne également quelques estimations des changements que l'on devrait observer au niveau du rendement des cultures recevant des apports limités en eau en Europe en 2050 (**graphique 1.6**). Les rendements pourraient augmenter de plus de 25 % dans les pays du nord de l'Europe comme la **Suède** et la **Norvège**, tandis que des baisses significatives sont attendues dans le sud : entre -15 % et -25 % en **Espagne** et en **Grèce**, entre -5 % et -15 % dans le sud-ouest de la **France** et en **Italie**. S'agissant de l'Europe, cela illustre dans quelle mesure les évolutions du cycle de l'eau liées au changement climatique sont susceptibles de redessiner la carte mondiale de la production agricole. L'**encadré 1.2** présente d'autres exemples d'études régionales.

Graphique 1.6. Évolutions prévues des rendements des cultures recevant des apports limités en eau en Europe en 2050

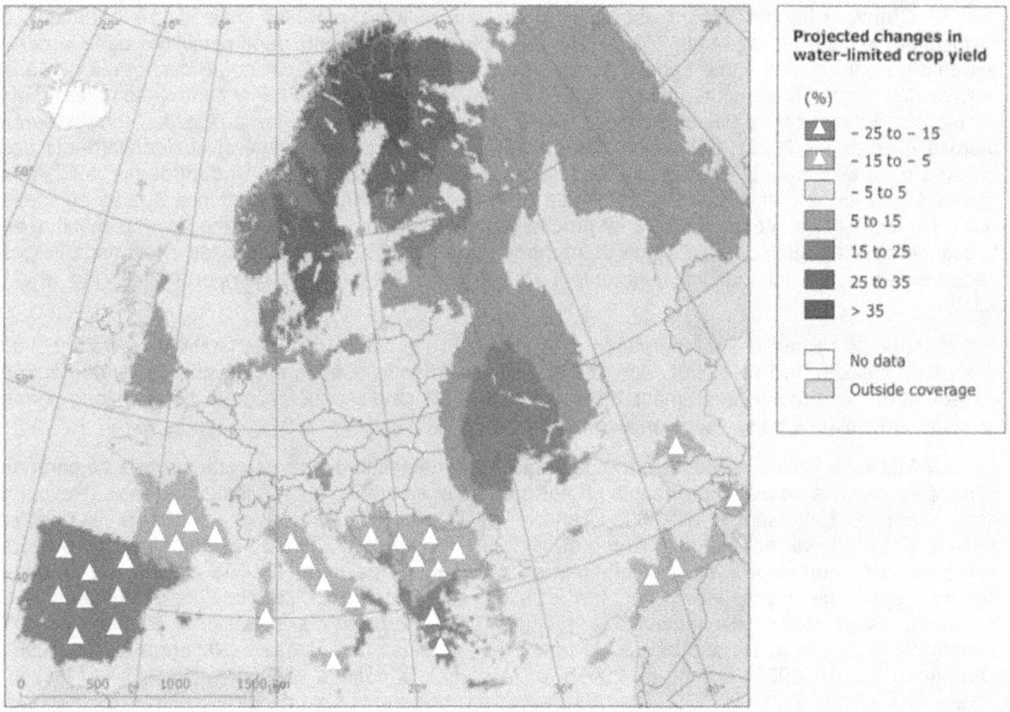

Légende

Évolutions prévues des rendements des cultures recevant des apports limités en eau.

-25 à -15

-15 à -5

-5 à 5

5 à 15

15 à 25

25 à 35

Pas de données

Non couvert

Évolution relative moyenne des rendements des cultures recevant des apports limités en eau simulée par le modèle ClimatCultures pour les années 2050 par rapport à 1961–1990 pour 12 projections différentes de modèles de climat selon le scénario d'émissions A1B.

Source : adapté à partir de Iglesias, A., S. Quiroga et A. Diz (2011), "Looking into the future of agriculture in a changing climate", *European Review of Agricultural Economics*, Vol. 38(3).

Encadré 1.2. Exemples d'études régionales sur les rendements agricoles

En **Chine**, le réchauffement risque de nuire aux cultures pluviales mais d'être bénéfique à l'agriculture irriguée (Wang et al., 2009a). Par exemple, les rendements de la riziculture dans le nord-est du pays ont enregistré une hausse comprise entre 4.5 % et 14.6 % par degré centigrade due à la hausse des températures nocturnes entre 1951 et 2002 (Tao et al., 2008). Par contre, les rendements de blé ont diminué (entre 6% et 20% par degré centigrade) du fait de la hausse des températures diurnes (Tao et al., 2008). L'élévation des températures bénéficie en général aux rendements des cultures dans les zones tempérées du nord de la Chine (Piao et al., 2010). Une étude sur la Chine a constaté que les rendements de riz, de maïs et de blé pourraient enregistrer une baisse comprise entre 18 % et 37 % au cours des 20 à 80 prochaines années sous l'effet du changement climatique en l'absence de fertilisation par le dioxyde de carbone (Lin et al., 2005). Toutefois, les effets négatifs des sécheresses et des inondations augmentent et ont provoqué des pertes importantes (Piao et al., 2010).

En Inde, la hausse des températures et la stabilité ou la baisse des précipitations devraient avoir des effets néfastes (IFPRI, 2009). Une étude sur l'Inde montre que les projections de rendements à moyen terme pourraient légèrement diminuer (4.5-9 %), tandis que les projections à long terme laissent entrevoir une baisse substantielle (au moins 25 %) (Guiteras, 2007).

En **Australie**, plusieurs études ont montré que l'augmentation des niveaux de dioxyde de carbone stimule les cultures de blé en activant la photosynthèse et en améliorant l'utilisation de l'eau (Reyenga et al., 1999 ; van Ittersum et al., 2003 ; Howden et Jones, 2004 ; Luo et al., 2005a, b ; Ludwig et Asseng, 2006 ; Anwar et al., 2007 ; Crimp et al., 2008 ; Wang et al., 2009b). Néanmoins, ces auteurs ont également montré que les accélérations de croissance que permettrait le dioxyde de carbone seraient plus que compensées par les baisses de rendements résultant de l'élévation des températures et de la diminution des précipitations. D'après les prévisions, la hausse des températures devrait aussi faire baisser la teneur en protéines des céréales (Reyenga et al. ; 1999 ; van Ittersum et al., 2003 ; Luo et al., 2005b) et raccourcir la période végétative (Sadras et Monzon, 2006).

Aux **États-Unis**, Cai et al. (2009) ont montré que le centre de l'Illinois pourrait connaître des étés plus secs et plus chauds pendant la saison de croissance du maïs tandis que le reste de l'année deviendrait plus humide et plus chaud dans le Midwest des États-Unis. D'après eux, « la variabilité accrue des températures et des précipitations pourrait entraîner une variabilité accrue de l'humidité des sols et des rendements agricoles, et il faut s'attendre à des déficits d'humidité des sols et des baisses de rendement plus marqués et plus fréquents (...). En 2055, le rendement du maïs non irrigué aura probablement diminué de 23-34 % et, en l'absence de toute mesure d'adaptation, les probabilités qu'il n'atteigne pas 50 % de son potentiel s'échelonnent entre 32 % et 70 %. Parmi les multiples sources d'incertitude, ce sont les projections des émissions de gaz à effet de serre qui pourraient influer le plus sur l'estimation du risque de diminution des rendements. »

Effets sur l'élevage

Les sections précédentes se concentrent sur l'évaluation des effets du changement climatique sur les systèmes de production végétale. Mais l'élevage représente 40 % du PIB agricole et emploie 1.3 milliard de personnes dans le monde (Seo et Mendelsohn, 2008 ; FAO, 2011). Avec l'accroissement démographique, la demande mondiale de produits animaux va augmenter (Thornton et al., 2009 ; Nardone et al., 2010 ; Henry et al., 2012). L'élévation de la température et l'évolution des régimes de précipitations qui devraient résulter du changement et de la variabilité climatiques devraient avoir des effets substantiels sur les systèmes de production animale et végétale. Les modifications de la fréquence et de la gravité des phénomènes extrêmes comme le stress thermique, les sécheresses, les inondations (dont il est question dans la section consacrée à ces phénomènes) auront en particulier des effets sur la productivité de l'élevage, notamment dans les régions spécialement sensibles à ces phénomènes (Afrique, par exemple). Pour autant, les publications sur le sujet sont assez peu nombreuses. On connaît globalement mal les interactions entre climat et élevage, à part pour certaines zones bien précises (Kabubo-Mariara, 2009 ; Thornton et al., 2009 ; Nardone et al., 2010). La présente section revient sur certaines des conclusions auxquelles sont parvenues les études et les publications existantes, montrant l'état d'avancement des recherches scientifiques consacrées aux effets du changement climatique sur l'élevage. Cet examen ne se limite pas aux effets liés à l'eau, même si les conséquences pour l'élevage résultent toutes directement ou indirectement des effets du changement climatique sur cette ressource.

Effets du changement climatique sur l'élevage

Les systèmes d'élevage industriels sont la principale source de production animale dans les pays développés. Ils sont davantage soumis aux effets indirects du changement climatique (infertilité des sols, pénurie d'eau, rendements céréaliers et qualité des céréales, diffusion de pathogènes, etc.) qu'à ses impacts directs (Nardone et al., 2010). Dans ces systèmes, les technologies et modes de gestion avancés peuvent permettre aux animaux d'élevage de mieux supporter des conditions défavorables. Les systèmes de pâturage et d'agriculture mixte pourraient être plus directement touchés par le changement climatique parce qu'ils sont davantage tributaires des conditions météorologiques ; mais ils pourraient aussi être moins vulnérables et plus résilients aux chocs en raison de la diversification des activités agricoles, qui peut constituer une sorte d'auto-assurance. Sur les parcours arides ou semi-arides, la productivité risque de diminuer, la sécheresse de devenir un phénomène plus fréquent et la dégradation des ressources naturelles de s'accélérer, comme en Afrique et en Asie centrale. Au Proche-Orient, où l'on pratique principalement le pâturage extensif, la productivité pourrait aussi diminuer en raison de la baisse prévue de l'humidité disponible (FAO, 2011).

La variabilité du climat et les conditions météorologiques extrêmes influent sur la croissance du bétail, la production animale et l'efficience économique de l'élevage (AIACC, 2006a; AIAAC, 2006b).). La plupart des études publiées ont cherché à comprendre par quels biais le changement climatique pourrait affecter les performances du bétail et la production animale. Il a été établi que les conditions climatiques (température, humidité, vitesse du vent, précipitations, etc.) pouvaient avoir un impact direct ou indirect sur les performances du bétail, y compris la croissance pondérale, la production de lait et de laine et la reproduction, à travers la qualité et la quantité des apports alimentaires mais aussi la distribution et la gravité des maladies (Seo et al., 2010). D'après les publications disponibles (Rötter et van de Geijn, 1999 ; Kabubo-Mariara, 2009 ; Thornton et al., 2009 ; Singh et al., 2012, par exemple), les effets du changement climatique sur le bétail peuvent être regroupés dans les catégories suivantes :

- ***Quantité et qualité de l'alimentation*** : les rendements pastoraux sont très sensibles aux mauvaises conditions météorologiques et climatiques, en particulier au manque d'eau. Dans de nombreuses régions, le pâturage est la principale source d'alimentation du bétail. En Mongolie, par exemple, il représente plus de 90 % des prises alimentaires du bétail (AIACC, 2006b). Les modifications de la quantité et de la qualité des pâturages (réduction de la nutrition) liées à l'évolution des températures et des conditions hydrologiques peuvent influer sur les taux de reproduction (Harle et al., 2007).
- ***Stress thermique*** : le stress thermique est l'un des principaux facteurs dont dépend la production animale (Rötter et van de Geijn, 1999 ; Frank et al., 2001). Le stress thermique provoqué par la hausse des températures et l'augmentation de l'humidité peut se traduire par une modification significative des prises alimentaires, une baisse de la productivité, de la production laitière et de la qualité de la viande, une moindre efficacité de la reproduction, un déficit énergétique accru accompagné d'une baisse de la fertilité, de la valeur adaptative et de la longévité. Des cas extrêmes de mortalité ont été signalés aux États-Unis et en Europe du Nord (Rötter et van de Geijn, 1999 ; Parsons et al., 2001 ; Harle et al., 2007 ; Thornton et al., 2009 ; FAO, 2011 ; Henry et al., 2012).
- ***Besoins en eau*** : le manque d'eau vient aggraver les effets néfastes des fortes chaleurs (Henry et al., 2012). Le bétail aura donc tendance à rester plus près des points d'eau et à accentuer le surpâturage dans ces zones, ce qui peut contribuer à la dégradation des

terres (Harle et al., 2007). Il existe peu de publications sur l'évolution des besoins en eau du bétail en réponse au changement climatique. Cela dit, comme le bétail couvre une partie de ses besoins avec l'eau contenue dans le fourrage, il est difficile de quantifier la part des différentes sources contribuant à satisfaire les besoins en eau sachant que la teneur en eau du fourrage varie également avec les conditions climatiques (Thornton et al., 2009).

- ***Santé animale*** : la hausse des températures conjuguée à la modification du régime des précipitations fait augmenter l'incidence des ravageurs et des maladies (Harle et al., 2007 ; FAO, 2011 ; Henry et al., 2012). Néanmoins, il est très difficile de savoir à l'avance quand et où les maladies risquent de survenir en présence de changements climatiques. Par conséquent, les mécanismes de transmission sont souvent simplifiés à l'excès (Thornton et al., 2009). En outre, même si le réchauffement a des effets potentiellement négatifs sur la production animale pendant les épisodes de chaleur, il est probable qu'il soit bénéfique pendant les périodes de froid. On ne sait toujours pas précisément si la hausse potentielle des températures restera dans la limite de ce que peut supporter le bétail. De même, on n'a encore aucune certitude sur la capacité du bétail à tolérer des stress thermiques extrêmes de plus en plus fréquents (Thornton et al., 2009). Les effets du changement climatique sur la santé animale n'ont pas encore fait l'objet d'études approfondies (Nardone et al., 2010).

Le **tableau 1.1** présente certains résultats obtenus à partir d'une sélection d'études régionales consacrées aux effets du changement climatique sur l'élevage.

Tableau 1.1. Échantillon d'études régionales consacrées aux effets du changement climatique sur l'élevage

Région du monde	Effets prévus du changement climatique sur l'élevage
Afrique	• Secteur de l'élevage vulnérable au changement climatique en raison du retard technologique et de l'insuffisance des infrastructures (Kabubo-Mariara, 2009). • Réduction de la production de bovins à viande en raison de l'assèchement du climat (Seo et Mendelsohn, 2008).
Asie	• Mongolie : la fréquence accrue de phénomènes extrêmes tels que le *dzud* pourrait influer sur les taux de mortalité du bétail (AIACC, 2006b). • Inde : la fréquence accrue des épisodes de sécheresse et des vagues de chaleur pourrait aggraver les pertes des élevages de bovins et de buffles (Singh et al., 2012).
Amérique du Nord	• Les modifications de la productivité et de la qualité du fourrage dues au changement climatique pourraient se répercuter sur la production animale : risque de diminution de la production laitière (Rötter et van de Geijn, 1999 ; Frank et al., 2001). • Les épisodes de sécheresse et les vagues de chaleur, dont la fréquence et la gravité devraient augmenter, pourraient entraîner des pertes de production substantielles, comme on l'a vu par le passé.
Australie	• Sensibilité de l'élevage aux effets du changement climatique plus ou moins marquée selon les régions (Howden et al., 2008), en particulier quand ils altèrent la production fourragère des pâturages extensifs (Henry et al., 2012). • Des mesures d'adaptation (améliorations génétiques, pratiques agricoles, etc) peuvent atténuer sensiblement les effets du changement climatique sur les systèmes de pâturage (Seo et McCarl, 2011 ; Henry et al., 2012).
Amérique du Sud	• Forte exposition liée à l'importance économique du secteur de l'élevage dans plusieurs pays d'Amérique du Sud comme l'Argentine et le Brésil (Seo et al., 2010).

Source : Secrétariat de l'OCDE, d'après Cai, X., X. Zhang, P. Noël et M. Shafiee-Jood (2013), "Impact of Climate Change on Water Quantity and Quality and Implications to Agriculture – A Review", rapport de consultant non publié.

Qualité de l'eau et agriculture dans le contexte du changement climatique

La question de la qualité est indissociable des ressources en eau disponibles pour l'homme et pour l'environnement ; qualité et quantité sont deux aspects interdépendants mais les effets du changement climatique sur la qualité de l'eau n'ont pas été suffisamment étudiés par rapport aux effets sur la quantité (Kundzewicz et al., 2007 ; Bates et al., 2008 ; OCDE, 2012b), bien que le problème ait été soulevé il y a déjà de nombreuses années (entre autres par Murdoch et al., 2000). Dernièrement, Whitehead et al. (2009) et Delpla et al. (2009) ont passé en revue les évaluations et les prévisions les plus récentes concernant les effets du changement climatique sur la qualité de l'eau. Les effets directs sont principalement les suivants :

- le réchauffement de certains compartiments hydrologiques tels que les fleuves ou les lacs peut modifier les processus chimiques et biologiques ; certains phénomènes induits par le changement climatique (sécheresses, par exemple) peuvent favoriser une acidification de l'eau en particulier (Wilby, 1994 ; Dillon et al., 1997 ; Whitehead et al., 2009) ;
- le ruissellement pourrait être affecté par la multiplication et l'intensification des phénomènes météorologiques extrêmes (fortes précipitations, inondations), ce qui pourrait provoquer une érosion des sols et modifier la mobilité et la dilution des contaminants, la morphologie des cours d'eau, et le passage de sédiments dans les cours d'eau.

Comme l'ont souligné Delpla et al. (2009), outre l'effet direct sur la qualité de l'eau de la modification des variables climatiques, la pollution de l'eau est liée aux activités urbaines, industrielles ou agricoles et le changement climatique pourrait avoir un effet sur la qualité de l'eau, indirectement par le biais de ces activités. Les consommateurs d'eau que sont le secteur agricole, les zones urbaines et l'industrie adopteront leurs propres stratégies d'adaptation et d'atténuation pour faire face au changement climatique, ce qui pourrait là aussi avoir des effets sur la qualité de l'eau. Ainsi, l'extension des zones irriguées dans certaines régions, qui pourrait être l'une des solutions d'adaptation retenues par le secteur agricole, pourrait faire augmenter les prélèvements d'eau douce pour l'irrigation et ramener les débits des cours d'eau au-dessous des débits écologiques minimaux. En revanche, l'amélioration de l'efficience d'utilisation de l'eau d'irrigation peut être également bénéfique pour les débits écologiques. L'utilisation des pesticides constitue une autre illustration du phénomène : dans les régions où le changement climatique amplifie les risques liés aux ravageurs, la quantité de pesticides appliquée par unité de surface risque d'être relevée, au détriment de la qualité de l'eau. Ces exemples montrent que le problème est double : les disponibilités d'eau agricole risquent-elles d'être limitées en raison de la baisse de qualité de l'eau induite par le changement climatique ? La qualité de l'eau va-t-elle pâtir de l'évolution des activités agricoles ?

Disponibilités d'eau agricole réduites par la baisse de la qualité de l'eau

La consommation d'eau à des fins agricoles peut être limitée en raison de deux modifications principales de la qualité de l'eau liée au changement climatique, à savoir la salinisation et l'érosion des sols due à de très fortes précipitations.

La salinisation de l'eau observée dans les régions côtières peut avoir des conséquences sur la production agricole (Sherif et Singh, 1999 ; Kundzewicz et al., 2007 ; Sonnenborg et al., 2012 ; Werner et al., 2012). D'après Kundewizc et al. (2007), « l'intrusion saline provoquée par des prélèvements d'eau excessifs dans les nappes devrait être accentuée par l'élévation du niveau de la mer, ce qui se traduira par une diminution de l'eau douce disponible ». Il s'agit là d'un problème qui peut être important car un quart de la population mondiale vit dans des zones côtières, dans lesquelles l'homme dispose pour ses besoins de moins de 10 % des ressources en eau renouvelables de la planète (Kundzewicz et al., 2007).

Les pluies plus intenses et la multiplication des phénomènes météorologiques extrêmes risquent de provoquer une érosion des sols, au détriment de la fertilité des sols agricoles et de la qualité de l'eau (Bates et al., 2008).

Altération de la qualité de l'eau imputable à l'évolution des pratiques de production agricoles

Le changement climatique fera évoluer à terme l'utilisation des terres et les pratiques de gestion agricole, ce qui ne sera pas sans conséquences pour la qualité de l'eau (**graphique 1.1**). Comme l'ont constaté Bates et al. (2008) et d'autres auteurs, la modification des activités agricoles altère dans bien des cas la qualité de l'eau. On peut citer notamment les exemples suivants :

- les charges nutritives associées aux terres agricoles pendant les orages plus violents (Bouraoui et al., 2002) ;
- les éléments nutritifs moins dilués en raison de la diminution des débits en été, en particulier lors d'épisodes de sécheresse (Whitehead et al., 2006) ;
- le retour des eaux non absorbées peut influer sur la qualité de l'eau dans les zones où la consommation d'eau d'irrigation augmente pour alimenter des systèmes d'irrigation traditionnels comme les systèmes par submersion ;
- l'augmentation de l'utilisation d'engrais et de pesticides due à la réaffectation des terres et à l'allongement de la saison végétative, lesquels peuvent ensuite être entraînés dans le milieu aquatique (Moss et al., 2004 ; Bloomfield et al., 2006) ;
- l'essor des biocarburants, qui peut avoir des répercussions complexes sur la qualité de l'eau. La demande croissante de biocarburants crée des incitations à en produire davantage et influe donc sur les quantités d'intrants utilisés (engrais, pesticides, etc.). Les cultures énergétiques à base de cellulose comme le miscanthus consomment des quantités d'eau bien plus importantes pendant leur période de croissance et peuvent ainsi freiner le drainage et le ruissellement et faire baisser les débits, ce qui peut ensuite entraîner des problèmes de qualité de l'eau dus à une moindre dilution (McIsaac et al., 2010). Néanmoins, s'agissant de la qualité de l'eau, les cultures énergétiques à base de cellulose présentent un potentiel très intéressant pour réduire les effets négatifs des cultures énergétiques car elles nécessitent très peu d'azote (NRC, 2007 ; Ng et al., 2010).

Les études sur la qualité de l'eau dans le contexte du changement climatique à l'échelon régional examinent, illustrent ou anticipent les effets mentionnés ci-dessus en analysant les données historiques et en s'appuyant sur des modèles de simulation. Par exemple, le sud-ouest des **États-Unis** souffrira de stress hydrique et de graves problèmes de qualité de l'eau dans les régions agricoles (Cruise et al., 1999). Les débits et les concentrations en éléments nutritifs augmenteront au **Royaume-Uni** (Arnell, 1998 ; Bouraoui et al., 2002), tandis que le débit des cours d'eau et les charges nutritives diminueront en Grèce (Varanou et al., 2002). La **Finlande** enregistrera peu de changements sur le plan du ruissellement annuel mais les régimes saisonniers seront clairement modifiés et les charges nutritives plus importantes (Kallio et al., 1997). En Écosse, les effets directs du changement climatique sur le fonctionnement hydrologique et la pollution par les nitrates devraient être moindres que ceux provoqués par les modifications de l'affectation des terres ; les modifications de la pollution par les nitrates pourraient dépendre du lieu, de la saison et du scénario climatique (Dunn et al., 2012). Dans l'ouest du **Japon**, les conditions trophiques observées dans les bassins versants pourraient conduire à une eutrophisation des lacs (Komatsu et al., 2007).

Une étude récente de Jeppesen et al. (2011) a montré que le changement climatique prévu accroîtra très probablement les charges d'azote et de phosphore dans les lacs d'**Europe** du Nord, surtout en hiver. Dans les régions arides d'Europe du Sud, les charges nutritives pourraient diminuer mais les concentrations d'azote et de phosphore, augmenter en raison d'une évaporation accrue qui entraînera à son tour une altération de la qualité de l'eau et de l'état écologique. Pour contrer cette tendance, il est recommandé de développer dans les zones tempérées du nord une agriculture plus durable pour réduire les pertes d'éléments nutritifs dans les eaux de surface, notamment : meilleure gestion du fumier organique et des engrais chimiques, mise en place de rotations des cultures, meilleure exploitation des aliments du bétail et réduction des apports azotés.

Changement climatique et phénomènes extrêmes liés à l'eau : sécheresses et inondations

Compte tenu des événements extrêmes survenus récemment, les répercussions de ces phénomènes sur les performances de l'agriculture suscitent un intérêt croissant. Il apparaît de plus en plus clairement que le changement climatique s'accompagnera de phénomènes météorologiques extrêmes plus fréquents et plus graves (GIEC, 2012). L'évapotranspiration accrue pourrait se traduire par des niveaux de précipitations plus importants à l'échelle mondiale, mais les épisodes de précipitations pourraient être plus intenses et moins fréquents et la géographie de la pluviométrie pourrait évoluer. Avec le réchauffement, l'évaporation accrue et la concentration des précipitations, les épisodes de sécheresse et les inondations pourraient devenir plus fréquents et plus graves. L'objectif de la présente section est de passer en revue les dernières connaissances disponibles concernant les effets du changement climatique sur les phénomènes météorologiques extrêmes liés au cycle de l'eau et leurs conséquences connexes sur le secteur agricole.

Le terme de *phénomène climatique extrême* – également appelé extrême climatique ou phénomène météorologique ou climatique extrême – désigne le « fait qu'une variable météorologique (…) prend une valeur située au-dessus (ou au-dessous) d'un *seuil* proche de la limite supérieure (ou inférieure) de la plage des valeurs observées pour cette variable » (GIEC, 2012). Une fois ce seuil défini, la *probabilité* du phénomène extrême considéré dépend de la forme de la distribution statistique de la variable météorologique (**graphique 1.7** illustrant trois exemples hypothétiques pour la température). Dans chacun des trois graphes, la probabilité d'un épisode de chaleur extrême correspond à la zone gris sombre sur la partie droite de la distribution statistique, tandis que la probabilité d'un épisode de froid extrême correspond à la zone bleu foncé située dans la partie gauche. Ces trois graphes (a, b et c) montrent que la probabilité de survenue d'un phénomène extrême (froid ou chaleur extrême) peut varier dans les cas suivants :

- glissement de toute la distribution statistique vers la droite, s'accompagnant d'une modification de la valeur moyenne (graphe a, **graphique 1.7**) ;
- variabilité accrue de la distribution statistique sans modification de la moyenne (graphe b) ;
- modification de la symétrie de la distribution statistique (graphe c).

Ces hypothèses montrent qu'il faut prendre en considération les deux côtés de la distribution statistique quand on s'intéresse aux phénomènes météorologiques extrêmes, sans se limiter, par exemple, aux épisodes de chaleur extrême. En effet, un glissement vers la droite de toute la distribution statistique des températures signifie une *augmentation* de la probabilité d'épisodes de chaleur extrême mais une *diminution* de la probabilité d'épisodes de froid extrême. En revanche, une augmentation de la variabilité des températures se traduirait par une *augmentation des deux types d'extrêmes climatiques* (épisodes de froid et de chaleur extrême). Or ces deux situations peuvent avoir des effets sensiblement différents sur les systèmes de production agricole.

Graphique 1.7. Effet sur les valeurs extrêmes de l'évolution de la distribution des températures

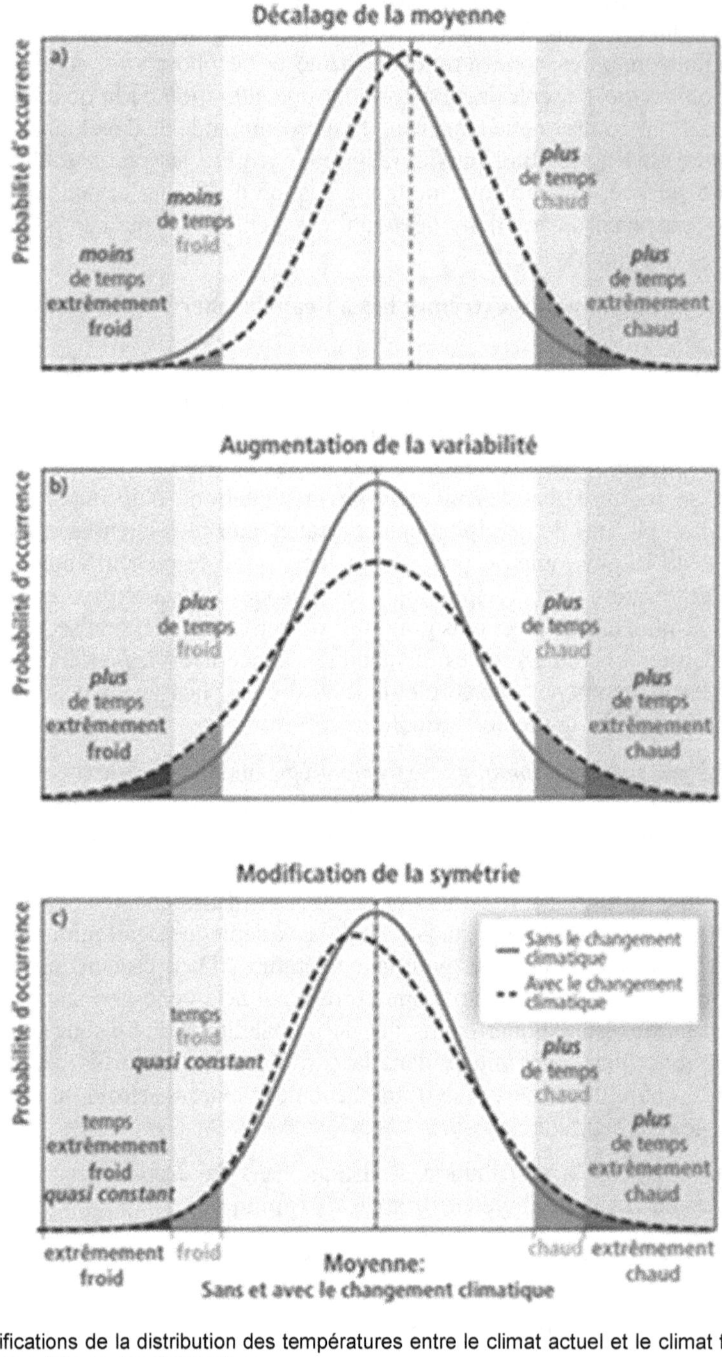

Notes : modifications de la distribution des températures entre le climat actuel et le climat futur et incidences sur les valeurs extrêmes des distributions :

(a) effets d'un simple décalage de l'ensemble de la distribution vers des valeurs plus élevées ;

(b) effets d'une augmentation de la variabilité des températures sans décalage de la moyenne ;

(c) effets d'une modification de la forme de la distribution (en l'occurrence d'un changement de symétrie vers les valeurs plus élevées).

On notera que les distributions statistiques gaussiennes présentées ici sont hypothétiques et fournies à titre d'illustration. Dans la réalité, les distributions statistiques de variables météorologiques comme les températures ou les précipitations peuvent prendre des formes plus spécifiques.

Source : 'GIEC (2012), *Managing the Risks of Extreme Events and Disasters to Advance Climate Change Adaptation. A Special Report of Working Groups I and II of the Intergovernmental Panel on Climate Change*, Cambridge University Press, Cambridge, Royaume-Uni et New York, NY, États-Unis.

Un autre aspect important réside dans les *échelles temporelles et spatiales* des variables météorologiques considérées. Dans le cas des températures, il faut choisir parmi une large gamme d'options possibles : température diurne moyenne, température nocturne moyenne, température diurne maximale, température moyenne pendant la période végétative, etc. Les températures peuvent également être agrégées à une échelle géographique donnée (régionale, nationale, etc.), qui ne reflète pas parfaitement les conditions climatiques locales. Comme l'ont souligné récemment Ortiz-Orbea et Just (2012), le choix de la démarche méthodologique et des variables météorologiques peut influer de manière significative sur l'évaluation des effets des phénomènes météorologiques extrêmes – et plus généralement du changement climatique – sur la production agricole.

Il faut aussi prendre en compte les *événements composés*, terme qui renvoie aux situations où la conjonction de plusieurs variables météorologiques peut amplifier la nature extrême du phénomène ou ses effets, voire le déclencher. Dans le cas de ces événements composés, les seuils qui définissent les phénomènes météorologiques extrêmes variable par variable ne sont plus suffisants pris isolément. Par exemple, un agriculteur peut, au cours d'une même saison de croissance, être confronté à des pluies hivernales très intenses et à une sécheresse l'été suivant, ce qui engendre des pertes agricoles substantielles. Autre scénario plus subtil, des pluies hivernales soutenues, mais pas extrêmes, peuvent être suivies de températures estivales chaudes, mais pas extrêmes non plus. Cette combinaison de deux phénomènes non extrêmes peut aussi se traduire par des pertes non négligeables. Chaque phénomène n'est pas rare au sens statistique si on le considère séparément, mais la cooccurrence des deux pendant un même cycle végétatif peut l'être. Pour rester cohérent avec la définition du GIEC, nous devrions donc considérer les *distributions de probabilités conjointes* des deux variables météorologiques au lieu de les examiner séparément.

Pourquoi ne pas se concentrer simplement sur les projections moyennes ? – Bien que les extrêmes climatiques soient sans doute les phénomènes qui influent le plus sur les performances agricoles, une analyse permettant de mesurer les *effets moyens* du climat fournirait une première approximation raisonnable des incidences du changement climatique. Mais ce n'est pas toujours le cas et cela dépend de la forme de la relation entre la variable météorologique (température, précipitations, etc.) et ses effets sur l'agriculture. Plus précisément, on peut affirmer que les effets moyens peuvent constituer une approximation raisonnable si les conditions suivantes sont satisfaites :

- la relation entre le changement climatique et ses effets est *linéaire,* ou bien
- la relation n'est pas linéaire et l'évolution climatique et ses effets sont *lisses, progressifs* et *relativement faibles*.

En revanche, l'analyse des effets moyens ne sera pas suffisante si les effets du changement climatique sur l'agriculture sont non linéaires ou discontinus et si le changement climatique est important ou si la variabilité météorologique s'accroît. Cet aspect est expliqué plus précisément dans l'**encadré 1.3**.

Sécheresse : tendances passées et projections des effets sur l'agriculture dans le contexte du changement climatique

Les épisodes de sécheresse conjuguent faibles précipitations et températures élevées, ce qui a un impact négatif sur la quantité et la qualité de l'eau et peut entraîner une baisse spectaculaire de la production agricole (Calanca, 2007 ; Mishra et Singh, 2010 ; Yao et al., 2011 ; Eitzinger et al., 2012 ; Fraser et al., 2012). Même s'il paraît difficile de constater une modification de la fréquence de ces épisodes à l'échelle mondiale (Sheffield et al., 2012), de nombreuses régions du monde ont subi des sécheresses plus fréquentes et plus graves au cours des dernières décennies, avec des dommages substantiels à la clé (Mishra et Singh, 2010). Il est probable que les sécheresses seront plus intenses et plus fréquentes dans la région alpine, les États-Unis, le bassin méditerranéen, l'Australie et l'Afrique du Sud et dans de nombreux autres endroits du monde (Calanca, 2007 ; Planton et al., 2008 ; Wang et al., 2011 ; Mpelasoka et al., 2008). Les sols devraient être plus secs et les épisodes de sécheresse, plus fréquents de juin à août dans la région amazonienne et en Afrique de l'Ouest, et de décembre à février dans l'Asie des moussons (Wang, 2005 ; Fraser et al., 2012).

Encadré 1.3. Effets non linéaires et coût du risque

Le problème de la non-linéarité naît du fait que, si la relation entre le rendement et la variable météorologique aléatoire est non linéaire, le résultat moyen n'est pas égal au résultat de la valeur moyenne de la variable météorologique. On suppose que le rendement d'une culture donnée dépend d'une variable météorologique telle que la température ou la pluviométrie et que le rendement de cette culture est une fonction croissante et concave de la variable météorologique, toutes choses égales par ailleurs. On suppose qu'il y a une égale probabilité pour qu'une variable météorologique prenne une valeur faible W_L ou une valeur élevée W_H. La valeur moyenne de la variable (précipitations, par exemple) est donc égale à $(W_L + W_H)/2$. Utiliser cette valeur moyenne pour anticiper le rendement donnerait une valeur Y $(W_L + W_H)/2)$, représentée par le point A. Cette valeur de rendement est supérieure au rendement prévu par rapport à la distribution de la variable météorologique qui, dans notre hypothèse, est égale à $(1/2)*Y(W_L) + (1/2)*Y(W_H)$ et correspond à la ligne horizontale en pointillés dans le **graphique 1.8**. C'est l'illustration d'un postulat plus général selon lequel utiliser les valeurs moyennes de variables météorologique plutôt que les distributions statistiques pour anticiper les effets du changement climatique sur les performances de l'agriculture risque d'entraîner un biais systématique. Deux problèmes empiriques se posent : les changements climatiques déjà observés et que nous devrions connaître au cours des prochaines décennies sont-ils suffisamment faibles pour qu'une approximation linéaire suffise ? Et ont-ils principalement pour effet de décaler les variables météorologiques moyennes, mais pas la variabilité, autour du résultat moyen ?

Graphique 1.8. Effets non linéaires de variables météorologiques sur les performances agricoles

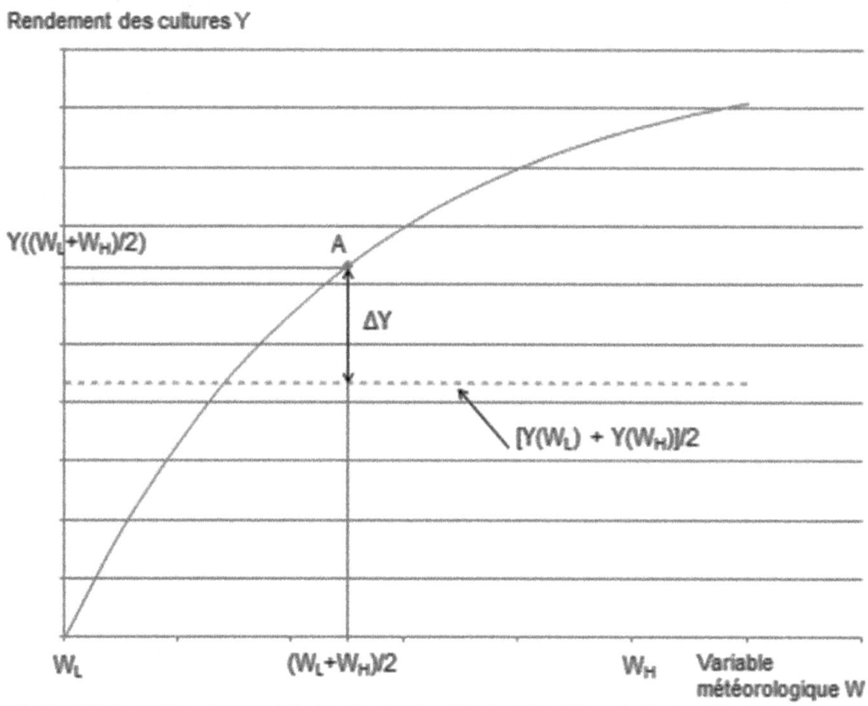

Les épisodes de sécheresse sont communément associés à des vagues de chaleur, caractérisées par des températures élevées persistantes qui provoquent des dommages pour les cultures et le bétail (Beniston et Diaz, 2004). Une modification de la fréquence et de l'intensité des vagues de chaleur a d'ores et déjà été observée en Europe (Klein Tank et Können, 2003), en Chine (Zhou et al., 2012 ; Jiang et al., 2012), en Inde (Dash et Mamgain, 2011), en Afrique (Aguilar et al., 2009) et dans le reste du monde (GIEC, 2012, Annexe B). Le changement climatique devrait se traduire par une multiplication et une intensification des vagues de chaleur en de nombreux endroits (Meehl et Tebaldi, 2004 ; Albright et al., 2011). La conjonction d'épisodes de sécheresse et de vagues de chaleur accentue et amplifie les effets de la sécheresse sur la production agricole (Calanca, 2007).Ces évolutions pourraient avoir d'importants effets négatifs sur la production agricole en raison de la sensibilité des rendements aux températures au-delà de certains seuils. Une étude récente de Schlenker et Roberts (2009) souligne l'effet fortement non linéaire des températures sur les rendements aux **États-Unis** : il semble bien exister un seuil de température au-delà duquel les rendements des cultures diminuent rapidement. Pour le maïs, le soja et le coton, les seuils critiques estimés sont de 29, 30 et 32 degrés centigrades, respectivement (**graphique 1.9**). Les baisses de rendement mesurées aux températures supérieures à ces seuils étaient largement plus importantes que les baisses observées au-dessous. Un certain nombre d'études sont arrivées à des prévisions comparables en utilisant divers relevés de températures et de précipitations. Lobell et al. (2011b) montrent une sensibilité comparable aux chaleurs extrêmes dans les stations expérimentales africaines consacrées à la culture du maïs. Les travaux de Lobell et Field (2007) et de Lobell et al. (2011a) établissent une synthèse des données recueillies à l'échelle mondiale pour les principales cultures de base.

Dans l'**Union européenne**, la vague de chaleur de 2003 a marqué l'été le plus caniculaire depuis 1540, avec une augmentation des besoins en eau des cultures et des besoins en eau d'irrigation et une baisse des rendements culturaux (Jolly et al., 2005 van der Velde et al., 2010 Garcia-Herrera et al., 2010). Cet épisode a entraîné une baisse de 30 % de la productivité brute primaire (Ciais et al., 2005). Beniston (2004) recommande aux scientifiques et aux décideurs de se servir de cet épisode comme d'un analogue climatique afin d'élaborer des stratégies d'adaptation ; en effet, selon les nombreuses projections effectuées pour la fin du XXIe siècle dans la région, des vagues de chaleur de ce type devraient devenir plus fréquentes (Meehl et Tebaldi, 2004). Le **graphique 1.10** illustre les modifications de la récurrence des sécheresses centennales en s'appuyant sur des comparaisons entre le climat et la consommation d'eau de 1961 à 1990 et sur des simulations pour les années 2020 et 2070 (Lehner et al., 2006).

L'évaluation des effets des sécheresses dues au changement climatique se heurte à plusieurs difficultés. Les sécheresses occasionnent des pertes agricoles via de multiples facteurs (déficit hydrique, chaleur, etc.) mais aussi plus indirectement (ravageurs, maladies, etc.). Par exemple, en Europe centrale et orientale, la productivité des cultures chute généralement en raison de la prolifération d'insectes qui accompagne les sécheresses (Eitzinger et al., 2012). Les sécheresses peuvent peser sur la production végétale en réduisant les réserves d'eau disponibles pour l'irrigation. En Europe, par exemple, des vagues de chaleur hivernales pourraient entraîner une fonte des neiges précoce et perturber les stratégies de gestion des ressources en eau (Beniston, 2007). La progression constante des températures hivernales, que décrivent la plupart des projections relatives au changement climatique, de même que la fréquence accrue des vagues de chaleur hivernales, pourraient faire diminuer la couche neigeuse accumulée dont peut dépendre l'irrigation dans les régions semi-arides.

Graphique 1.9. Effets non linéaires des températures sur les rendements agricoles

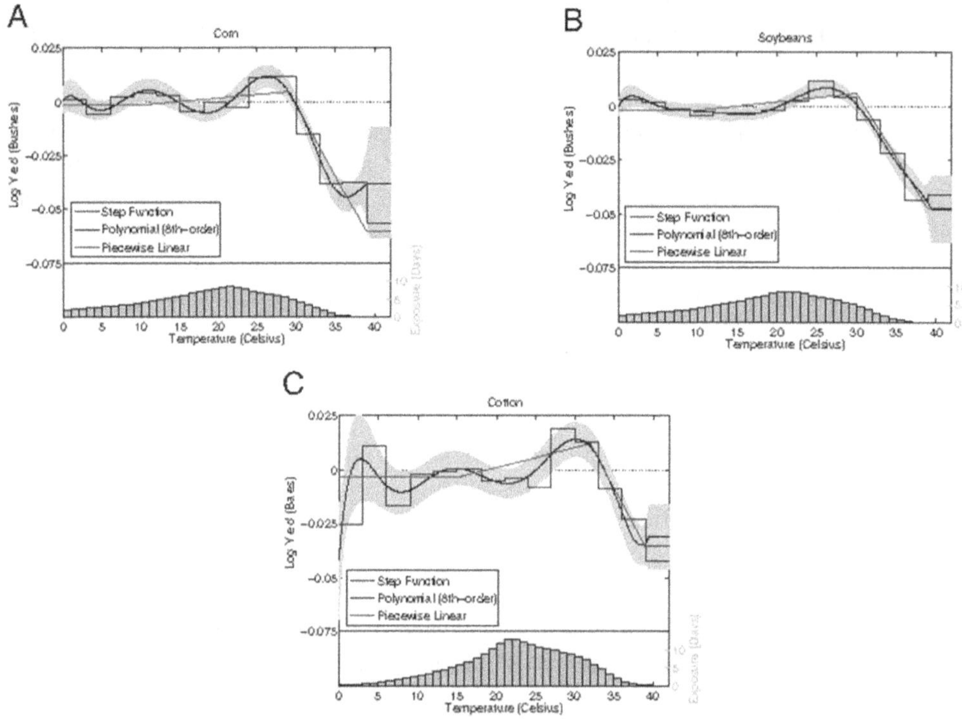

Légendes]

Graphe A	Graphe B	Graphe C
Maïs	Soja	Coton
Fonction en escalier	Fonction en escalier	Fonction en escalier
Polynôme (8e degré)	Polynôme (8e degré)	Polynôme (8e degré)
Linéaire par morceaux	Linéaire par morceaux	Linéaire par morceaux
[Verticalement]	[Verticalement]	[Verticalement]
Logarithme des rendements (boisseaux)	Logarithme des rendements (boisseaux)	Logarithme des rendements (boisseaux)
Exposition (jours)	Exposition (jours)	Exposition (jours)

Source : Schlenker, W. et M. Roberts (2009), "Nonlinear temperature effects indicate severe damages to US crop yields under climate change", *Proceedings of the National Academy of Sciences*, Vol. 106(37), 15594.

Graphique 1.10. Modification de la récurrence des sécheresses centennales (d'après un comparatif entre le climat et la consommation d'eau de 1961 à 1990 et des simulations effectuées pour les années 2020 et 2070)

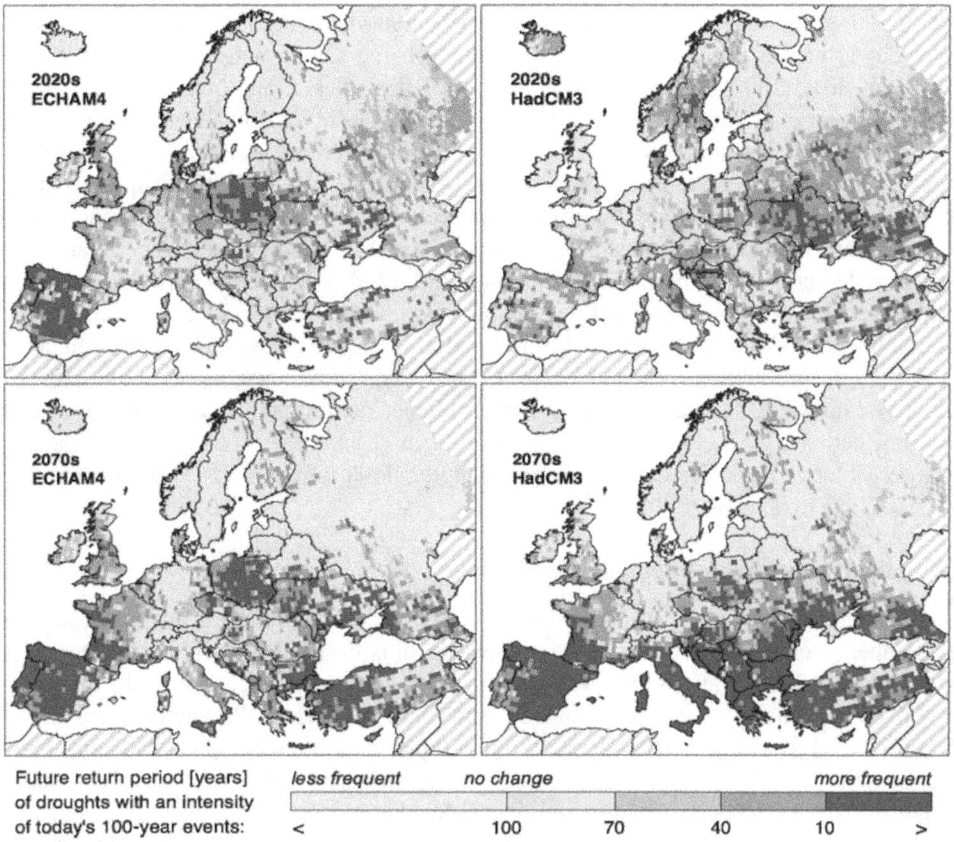

Légende

Prochain retour [années] de sécheresses d'une intensité comparable à celle des phénomènes centennaux actuels : *Moins fréquentes* *Aucun changement* *Plus fréquentes*

Source : Lehner, B., P. Döll, J. Alcamo, T. Henrichs et F. Kaspar (2006), "Estimating the impact of global change on flood and drought risks in Europe: a continental, integrated analysis", *Climatic Change*, Vol. 75.

Inondations : tendances passées et projections des effets sur l'agriculture dans le contexte du changement climatique

La fréquence et l'intensité des précipitations extrêmes évolueront sans doute aussi au cours des prochaines décennies et pourraient entraîner des pertes agricoles croissantes (Tubiello et al., 2007). À l'heure actuelle, les effets constatés sont déjà considérables. L'excès d'humidité consécutif aux très fortes pluies, par exemple, est le principal motif d'indemnisation par les assurances et de versements au titre des catastrophes naturelles dans le secteur agricole californien (Lobell et al., 2011c). Avec le changement climatique, les pertes de maïs dues à l'humidité excessive des sols devraient doubler aux États-Unis d'ici 2030 (Rosenzweig et al., 2002). L'excès de précipitations entraîne aussi des pertes agricoles liées aux ravageurs et aux maladies des plantes, comme aux Pays-Bas et aux États-Unis (Schaap et al., 2011 ; Rosenzweig et al., 2001), des retards dans les travaux agricoles (Rosenzweig et al., 2001), une érosion des sols en particulier en Europe et dans le bassin méditerranéen (Grimm et al., 2002 ; Fuhrer et al., 2006), ainsi que des problèmes d'environnement (épidémies, pathogènes fongiques des feuilles, diffusion de pathogènes telluriques dans des zones non infestées (Rosenzweig et al., 2001).

Les terres agricoles sont particulièrement exposées aux crues puisqu'elles occupent ou jouxtent plaines inondables ou des zones d'épanchement des crues (Förster et al., 2008). Bien que les dégâts causés par les inondations en zone urbaine soient bien analysés (Smith, 1994 ; Browne et Hoyt, 2000 ; Burby, 2001), les pertes agricoles n'ont quant à elles guère été étudiées (Förster et al., 2008 ; Tapia-Silva et al., 2011). Outre les données recueillies *in situ* et les outils de modélisation (Dutta et al., 2003), la télédétection peut permettre d'évaluer les pertes agricoles consécutives aux inondations (Pantaleoni et al., 2007 ; Tapia-Silva et al., 2011). Toutefois, ces pertes économiques sont relativement modestes par rapport à celles constatées dans les zones urbaines, où la concentration de capital par unité de surface est plus importante. D'après les estimations de Messner et al. (2007), les pertes agricoles représentent entre 1 % et 5 % des dommages provoqués par les inondations. Cela ne signifie pas que les inondations aient des conséquences limitées pour les agriculteurs. Elles peuvent amputer notablement la production végétale et animale et avoir des conséquences durables sur la productivité du sol du fait de l'érosion et des problèmes de drainage. S'agissant des politiques publiques, certains pays européens comme la France et l'Écosse envisagent de plus en plus d'inclure les terres agricoles dans la gestion intégrée de la lutte contre les inondations (Pivot et al., 2002 ; Kenyon et al., 2008).

Autres phénomènes météorologiques extrêmes

Les ouragans, cyclones et typhons (la terminologie varie selon la géographie) sont peut-être les phénomènes météorologiques extrêmes les plus destructeurs. Ils associent des vents très forts et des précipitations très abondantes, avec souvent une élévation du niveau de la mer. En outre, chacun de ces phénomènes peut avoir des effets dévastateurs sur les terres agricoles. À l'avenir, le changement climatique se traduira probablement par un accroissement de la fréquence et de l'intensité des ouragans mais les tendances demeurent incertaines, en particulier à l'échelle mondiale (Meehl et al., 2000 ; Knutson et Tuleya, 2004). Néanmoins, la plupart des études se sont plutôt concentrées sur les dommages aux infrastructures et les pertes humaines que sur l'agriculture, jugée secondaire semble-t-il. Au Viet Nam, les pertes économiques consécutives aux typhons ont augmenté entre les années 1950 et 1990, malgré une diminution notable de la fréquence de ces phénomènes (Imamura et Van To, 1997). Au Mexique, les régions caféicoles sont menacées par les ouragans et les glissements de terrain qu'ils provoquent (Philpott et al., 2008). Aux États-Unis, les ouragans ont des effets positifs ou négatifs sur les prix et les superficies agricoles à l'échelle du pays, selon que la région est ou non touchée ; les superficies cultivées, et la richesse qui s'y attache, tendent à se décaler des régions touchées vers les régions épargnées (Chen et McCarl, 2009).

L'autre extrême, caractérisé par une chute brutale des températures, est la vague de froid. La catégorie englobe le gel et le gel printanier (ou gelée), qui peuvent infliger des dégâts substantiels aux cultures. En raison de l'élévation de la température moyenne à l'échelle de la planète, le nombre annuel de jours de froid diminue et devrait encore diminuer à l'avenir (GIEC, 2007b ; Park et al., 2011). Cependant, dans un monde soumis au changement climatique, le risque de gelées printanières va forcément évoluer puisqu'il est sensible aux variations de la variance des températures journalières et de la température moyenne (Rigby et Porporato, 2008). En 2007, le gel de printemps observé dans l'est des États-Unis donne à penser que le risque de gel printanier lié au changement climatique pourrait s'accentuer (Gu et al., 2008). En raison des températures plus élevées, les cultures peuvent être précoces et donc plus vulnérables au gel printanier (Gu et al., 2008 ; Marino et al., 2011).

Remarques concernant les phénomènes météorologiques extrêmes

Une évolution des valeurs extrêmes des température et de précipitations a été observée notamment – mais pas seulement – en Chine (Zhou et al., 2012 ; Jiang et al., 2012), en Europe, en Inde (Dash et Mamgain, 2011), en Afrique (Aguilar et al., 2009) et dans le reste du monde (GIEC, 2012), et d'autres changements sont à venir. L'incertitude concernant les effets positifs ou négatifs de ces changements sur l'agriculture est grande et dépend de la tendance qui sera observée –.baisse ou augmentation de la fréquence et de l'ampleur des phénomènes météorologiques extrêmes – et de la région considérée (Gao et Zhao, 2002 ; Shabbar et Bonsal, 2003). Les phénomènes climatiques extrêmes varient très fortement dans le temps et dans l'espace, rendant toute prévision difficile. Il semble que les phénomènes extrêmes soient plus fréquents dans certaines régions mais de même fréquence, voire moins fréquents, dans d'autres (Imamura et Van To, 1997 ; Sheffield et al., 2012). De fait, depuis les années 1950, les typhons sont moins fréquents au Viet Nam (Imamura et Van To, 1997). En Chine, les vagues de froid sont moins nombreuses qu'avant, contrairement aux vagues de chaleur, en progression ; dans certaines régions, enfin, c'est la fréquence des précipitations violentes qui s'est accrue (Gao et Zhao, 2002). Le cas du Canada illustre bien aussi la variabilité spatiale des effets tant négatifs que positifs du changement climatique : la fréquence, la durée et l'intensité des vagues de froid, en particulier, a diminué dans certaines régions et augmenté dans d'autres ; les épisodes de chaleur hivernaux sont plus nombreux et plus longs dans la plupart des régions du pays mais sont au contraire plus rares et plus brefs dans le nord-est (Shabbar et Bonsal, 2003). En outre, à l'échelle de la planète, la fréquence des sécheresses n'a guère varié au cours des six dernières décennies (Sheffield et al., 2012). Quoi qu'il en soit, même si les phénomènes météorologiques extrêmes sont peu fréquents, les dégâts qu'ils peuvent occasionner aux terres agricoles justifient qu'on les place dans la catégorie des risques importants pour l'agriculture.

Bien que les publications sur le sujet montrent l'étendue des dommages et des pertes, les travaux doivent être poursuivis pour comprendre les conséquences des phénomènes météorologiques extrêmes pour l'agriculture. Ces conséquences pourraient être compensées par les effets directs du changement climatique, comme l'augmentation des concentrations atmosphériques de CO_2 (Rosenzweig et Parry, 1994 ; Mendelsohn et al., 1994 ; Parry et al., 2004), des précipitations (Mendelsohn et al., 1994) et des températures et par l'intervention de l'homme, à travers notamment la bioingénierie des cultures dont l'objectif de créer des espèces végétales résistantes à la sécheresse et aux inondations (Mitra, 2001 ; Park et al., 2005). Chaque phénomène météorologique extrême intervenu par le passé (la canicule de 2003 en Europe ou les fortes gelées de 2007 aux États-Unis) devrait faire l'objet d'une évaluation claire : il conviendra d'étudier de manière approfondie ses conséquences sur l'agriculture, la fréquence à laquelle il pourrait se manifester et son ampleur, ainsi que les mesures qui pourraient être envisagées. L'évolution des effets des phénomènes météorologiques extrêmes dans le contexte du changement climatique est peut-être la question la plus incertaine à l'heure actuelle et demeure un sujet crucial, auquel les scientifiques comme les décideurs doivent accorder plus d'attention.

Récapitulatif

Avant d'analyser les stratégies d'adaptation envisageables par les pouvoirs publics pour gérer l'eau agricole, la présente section récapitule les principaux résultats obtenus en ce qui concerne les effets du changement climatique sur le cycle de l'eau et l'agriculture.

En règle générale, les projections montrent que le changement climatique pourrait entraîner une accélération du cycle de l'eau, avec des épisodes pluvieux plus fréquents et plus intenses. Néanmoins, les effets diffèrent selon les régions : augmentation des précipitations aux latitudes élevées en hiver et en été et diminution des précipitations estivales aux latitudes moyennes et dans les zones subtropicales.

Les disponibilités en eau vont évoluer mais également les besoins en eau des cultures, ce qui influera sur la demande d'eau d'irrigation. Celle-ci devrait décroître légèrement à l'échelle planétaire en dépit du réchauffement prévu, encore que les évolutions prévues varient selon les régions. On peut s'attendre à une baisse de la demande en Afrique, en Australie et en Chine. En revanche, pour d'autres régions comme l'Europe, le nord de l'Inde, ainsi que l'est de l'Amérique du Sud et des États-Unis, de fortes incertitudes demeurent.

S'agissant du rendement des cultures, dans le contexte du changement climatique, il est probable que l'eau devienne l'un des principaux facteurs limitants de la production végétale. La variabilité climatique et les conditions climatiques extrêmes influeront aussi sur la croissance du bétail car le climat (température, humidité, vitesse du vent et précipitations) agit sur les caractéristiques du cheptel, notamment le poids, les productions laitière et lainière et la reproduction, à travers ses effets directs ou indirects sur l'abondance et la qualité de l'alimentation animale et sur la gravité et la distribution des maladies du bétail.

S'agissant de la qualité de l'eau, le changement climatique a des répercussions sur l'utilisation des terres agricoles et les pratiques de production qui, à leur tour, influent sur la qualité de l'eau. Les mécanismes en jeu sont toutefois complexes et impliquent des réactions en chaîne du fait de l'adaptation de pratiques de gestion agricole qui sont difficiles à prévoir. L'importance future des ravageurs, des maladies et des adventices est un domaine de projection assez peu exploré, de même que les tendances futures en matière d'utilisation de pesticides.

Il apparaît de plus en plus certain que le changement climatique amplifiera la fréquence et la gravité des phénomènes météorologiques extrêmes (sécheresses, inondations, etc.). De plus, outre le risque, c'est également l'incertitude qui s'accroît : tous ces phénomènes vont en effet continuer d'évoluer, de même que leur probabilité, en raison de la nature non stationnaire du changement climatique. Cette montée de l'incertitude est sans doute plus problématique que l'accentuation du risque lui-même. Nous n'avons pas de certitudes concernant l'évolution des phénomènes météorologiques extrêmes et, de surcroît, la prévisibilité est faible car la plupart des modèles climatiques ne tentent même pas de modéliser l'évolution des phénomènes météorologiques extrêmes et se contentent d'extrapoler à partir de l'évolution des moyennes. Il reste que la fréquence des phénomènes météorologiques extrêmes semble augmenter dans certaines régions, et être stable ou moindre dans d'autres.

Les données factuelles sur lesquelles fonder les décisions relatives aux effets prévus du changement climatique sur l'eau risquent d'être insuffisantes car les projections climatiques des précipitations sont généralement très incertaines et la transposition à une échelle inférieure est problématique. Comparées à l'évolution des températures moyennes, les projections concernant les régimes des précipitations restent très incertaines, en particulier à l'échelle locale. On ne dispose donc pas de projections à la résolution et à l'échelle qui seraient nécessaires pour éclairer les décisions d'adaptation des agriculteurs. Par conséquent, les évaluations générales des effets du changement climatique sur l'eau peuvent se révéler d'une utilité limitée pour aider les intéressés à prendre des décisions d'adaptation concrètes, sur le terrain. D'une façon générale, plus l'utilité potentielle des projections concernant le changement climatique pour les décisions d'adaptation augmente, plus le niveau de confiance diminue, aussi les décideurs doivent-ils accepter un degré d'incertitude considérable.

L'utilisation d'eau agricole sera également conditionnée par d'autres grands déterminants plus sûrs que les projections relatives au changement climatique, à savoir l'accroissement de la population mondiale et la modification des habitudes alimentaires, qui devraient faire augmenter la demande alimentaire et renforcer la concurrence entre les différents usages de l'eau. Tout porte à croire que ces deux grands facteurs accentueront encore la pression exercée sur les hydrosystèmes, que ce soit sur le plan quantitatif ou qualitatif. Ces tendances socioéconomiques devront donc être additionnées aux tendances climatiques pour avoir un tableau complet des effets du changement climatique sur le cycle de l'eau et l'agriculture.

Après avoir présenté les principaux effets du changement climatique sur les hydrosystèmes et sur l'agriculture, il reste à trouver des stratégies d'adaptation correspondant aux projections mais également susceptibles de s'accommoder des degrés d'incertitude qui s'y attachent et que les décideurs ne pourront jamais totalement supprimer. Le prochain chapitre, consacré aux stratégies d'adaptation, propose un cadre d'action et une analyse des principales approches envisageables par les pouvoirs publics pour adapter la gestion de l'eau agricole au changement climatique dans un environnement aussi complexe.

Références

AEE (2012), "Climate change, impacts and vulnerability in Europe 2012 – An indicator-based report". Agence européenne pour l'environnement.

Aguilar, E., A. Aziz Barry, M. Brunet, L. Ekang, A. Fernandes, M. Massoukina, J. Mbah, A. Mhanda, D.J. do Nascimento, T.C. Peterson, O. Thamba Umba, M. Tomou et X. Zhang (2009), "Changes in temperature and precipitation extremes in western central Africa, Guinea Conakry, and Zimbabwe, 1955–2006", *Journal of Geophysical Research*, Vol. 114, No. D2.

AIACC (2006a), *Climate change and variability in the mixed crop-livestock production systems of the Argentinean, Brazilian and Uruguayan Pampas*, AIACC, Project No. LA 27.

AIACC (2006b), Climate Change Vulnerability and Adaptation in the Livestock Sector of Mongolia, AIACC, Project No. AS 06.

Albright, T.P., A. M. Pidgeon, C.D. Rittenhouse, M.K. Clayton, C.H. Flather, P.D. Culbert et V.C. Radeloff (2011), "Heat waves measured with MODIS land surface temperature data predict changes in avian community structure", *Remote Sensing of Environment*, Vol. 115, No. 1, pp. 245-254.

Anwar, M.R., G. O'Leary, D. McNeil, H. Hossain et R.Nelson (2007), "Climate change impact on rainfed wheat in south-eastern Australia", *Field Crops Research* 104, pp. 139-147.

Arnell, N.W. (1998), "Climate change and water resources in Britain", *Climatic Change*, Vol. 39, No. 1, pp. 83–110.

Bates, B.C., Z.W. Kundzewicz, S. Wu et J.P. Palutikof (eds.), (2008), *Climate Change and Water. Technical Paper of the Intergovernmental Panel on Climate Change*, IPCC Secretariat, Geneva, 210 pp.

Beniston, M. (2007), "Linking extreme climate events and economic impacts Examples from the Swiss Alps", *Energy Policy*, Vol. 35, pp. 5384-5392.

Beniston, M. (2004), "The 2003 heat wave in Europe: A shape of things to come? An analysis based on Swiss climatological data and model simulations", *Geophysical Research Letter*, Vol. 31, p. 02202.

Beniston, M. et H.F. Diaz (2004), "The 2003 heat wave as an example of summers in a greenhouse climate. Observations and climate model simulations for Basel, Switzerland", *Global and Planetary Change*, Vol. 44, pp. 73-81.

Bloomfield, J.P., R.J. Williams, D.C. Goody, J.N. Cape et P. Guha (2006), "Impacts of climate change on the fate and behaviour of pesticides in surface and groundwater – a UK perspective", *Science of the Total Environment*, Vol. 369, No. 1-3, pp. 163–177.

Bouraoui, F., L. Galbiati et G. Bidoglio (2002), "Climate change impacts on nutrient loads in the Yorkshire Ouse catchment", *Hydrology and Earth Systems Sciences Discussions*, Vol. 6, No. 2, pp. 197–209.

Browne, M.J. et R.E. Hoyt (2000), "The demand for flood insurance: empirical evidence", *Journal of risk and uncertainty*, Vol. 20, No. 3, pp. 291-306.

Burby, R.J. (2001), "Flood insurance and floodplain management: the US experience", *Environmental hazards*, Vol. 3, pp. 111-122.

Cai, X., D. Wang et R. Laurent (2009), "Impact of climate change on crop yield: a case study of rainfed corn in central Illinois", *Journal of Applied Meteorology Climatology*, Vol. 48, pp. 1868-1881.

Cai, X., X. Zhang, P. Noël et M. Shafiee-Jood (2013), "Impact of Climate Change on Water Quantity and Quality and Implications to Agriculture – A Review", rapport de consultant non publié.

Calanca, P. (2007), "Climate change and drought occurrence in the Alpine region. How severe are becoming the extremes", *Global and Planetary Change*, Vol. 57, pp. 151-160.

Chen, C. et B. McCarl (2009), "Hurricanes and possible intensity increases: effects on and reactions from US agriculture", *Journal of Agricultural and Applied Economics*, Vol. 41, p. 125.

Ciais, PH. et al. (2005), "Europe-wide reduction in primary productivity caused by the heat and drought in 2003", *Nature*, Vol. 437, No. 22.

Crimp, S., M. Howden, B. Power, E. Wang et P. De Vo, (2008), "Global Climate Change impacts on Australia's Wheat Crops," Report prepared for the Garnaut Climate Change Review Secretariat, mars 2008, p. 16.

Cruise, J.F., A.S. Limaye et N. Al-Abed (1999), "Assessment of impacts of climate change on water quality in the southeastern United States", *Journal of the American Water Resources Association*, Vol. 35, No. 6, pp. 1539–1550.

Dash, S.K. et A. Mamgain (2011), "Changes in the Frequency of Different Categories of Temperature Extremes in India", *Journal of applied meteorology and climatology*, Vol. 50, pp. 1842–1858.

Delpla, I., A.-V. Jung, E. Baures, M. Clement et O. Thomas (2009), "Impacts of climate change on surface water quality in relation to drinking water production", *Environment International*, Vol. 35, pp. 1225–1233.

Dillon, P.J., L.A. Molot et M. Futter (1997), "The effect of El Nino-related drought on the recovery of acidified lakes", *Environmental Monitoring and Assessment*, Vol. 46, pp. 105–111.

Döll, P. (2002), "Impact of Climate Change and Variability on Irrigation Requirements: A Global Perspective", *Climatic Change*, Vol. 54, pp. 269-293.

Dunn, S.M., I. Brown, J. Sample et H. Post (2012), "Relationships between climate, water resources, land use and diffuse pollution and the significance of uncertainty in climate change", *Journal of Hydrology*, 434–435, pp. 19-35.

Dutta, D., S. Herath et K. Musiake (2003), "A mathematical model for flood loss estimation", *Journal of Hyrdology*, Vol. 277, pp. 24-49.

Eitzinger, J., D. Trnka, S. Semeradova, S. Thaler, E. Svobodova, P. Hlavinka, B. Siska, J. Takac, L. Malatinska, M. Novakova, M. Dubrovsky et Z. Zalud (2012), "Regional climate change impacts on agricultural crop production in central and eastern Europe-hotspots, regional differences and common trends", *Journal of Agricultural Science*, pp. 1-26, doi:10.1017/S0021859612000767.

FAO (2011), *Climate change, Water and Food Security*, FAO Water Report No. 36, Organisation des Nations Unies pour l'alimentation et l'agriculture (FAO), Rome.

FAO (2008), Crop evapotranspiration – Guidelines for computing crop water requirements – FAO Irrigation and drainage paper 56.

Fellmann, T. (2012), "The assessment of climate change-related vulnerability in the agricultural sector: reviewing conceptual frameworks", in Meybeck, A., Lankoski, J., Redfern, S., Azzu, N. and V. Gitz (eds.) *Building resilience for adaptation to climate change in the agriculture sector – Proceedings of a Joint FAO/OECD Workshop*, Rome, 23-24 avril 2012.

Fischer, G., F.N. Tubiello, H. van Velthuizen et D.A. Wiberg (2007), *Climate change impacts on irrigation water requirements: Effects of mitigation, 1990–2080*, Technological Forecasting and Social Change Vol. 74, pp. 1083-1107.

Förster, S., B. Kuhlmann, K.E. Lindenschmidt et A. Bronstert (2008), "Assessing flood risk for a rural detention area", *Natural Hazards and Earth System Science*, Vol. 8, pp. 311–322.

Frank, K.L., T.L. Mader, J.A. Harrington, G.L. Hahn et M.S. Davis (2001), "Climate Change Effects on Livestock Production in the Great Plains", pp. 351-358 in *Livestock Environment VI: Proceedings of the 6th International Symposium* (21-23 mai 2001, Louisville, Kentucky, États-Unis).

Fraser, E.D.G., E. Simelton, M. Termansen, S.N. Gosling et A. South (2013), "Vulnerability hotspots: Integrating socio-economic and hydrological models to identify where cereal production may decline in the future due climate change induced drought", *Agricultural and Forest Meteorology*, Volume 170, pp. 195–205.

Fuhrer, J., M. Beniston, A. Fischlin, C.H. Frei, S. Goyette, K. Jasper et CH. Pfister (2006), "Climate risks and their impacts on agriculture and forests in Switzerland", *Climatic Change*, Vol. 79, pp. 79–102.

Gao, X. et Z. Zhao (2002), "Changes of Extreme Events in Regional Climate Simulations over East Asia", *Advances in Atmospheric Sciences*, Vol. 19, No. 5.

García-Herrera, R., J. Díaz, R.M. Trigo, J. Luterbacher et E.M. Fischer (2010), "A Review of the European Summer Heat Wave of 2003", *Critical Reviews in Environmental Science and Technology*, Vol. 40, No. 4, pp. 267-306.

GIEC (2007a), Bilan 2007 des changements climatiques : conséquences, adaptation et vulnérabilité. Contribution du Groupe de travail III au quatrième Rapport d'Evaluation du Groupe d'experts intergouvernemental sur l'évolution du climat, M.L. Parry, O.F. Canziani, J.P. Palutikof, P.J. van der Linden and C.E. Hanson, resp. pub., Cambridge University Press, Cambridge, Royaume-Uni, p. 976.

GIEC (2007b), GIEC 2007: Changements climatiques 2007 : Les éléments scientifiques. Contribution du Groupe de travail I au quatrième Rapport d'évaluation du Groupe d'experts intergouvernemental sur l'évolution du climat, Cambridge University Press, Cambridge, Royaume-Uni et New York, NY, États-Unis, p. 996.

GIEC (2012), Gestion des risques de catastrophes et de phénomènes extrêmes pour les besoins de l'adaptation au changement climatique. Rapport spécial du Groupe d'experts intergouvernemental sur l'évolution du climat, Cambridge University Press, Cambridge, Royaume-Uni et New York, NY, États-Unis, p. 582.

GIEC (2013), Changements climatiques 2013 : Les éléments scientifiques. Contribution du Groupe de travail I au cinquième Rapport d'évaluation du Groupe d'experts intergouvernemental sur l'évolution du climat, Cambridge University Press, Cambridge, Royaume-Uni et New York, NY, États-Unis.

Grimm, M., R. Jones et L. Montanarella (2002), *Soil Erosion Risk in Europe*, European Soil Bureau Institute for Environment & Sustainability JRC Ispra. EUR 19939 EN © European Communities.

Gu, L., P.J. Hanson, W. Mac Post, D.P. Kaiser, B. Yang, R. Nemani, S.G. Pallardy et T. Meyers (2008), "The 2007 Eastern US Spring Freeze: Increased Cold Damage in a Warming World?", *BioScience*, Vol. 58, No. 3, pp. 253-262.

Guiteras, R. (2007), "The impact of climate change on Indian agriculture", Department of Economics, MIT.

Harle, K.J., S.M. Howden, L.P. Hunt et M. Dunlop (2007), "The potential impact of climate change on the Australian wool industry by 2030", *Agricultural Systems*, Vol. 93, pp. 61-89.

Henry, B., E. Charmley, R. Eckard, J.B. Gaughan et R. Hegarty (2012), "Livestock production in a changing climate: adaptation and mitigation research in Australia", *Crop and Pasture Science*, Vol. 63, pp. 191-202.

Holden, N.M. et A.J. Brereton (2003), "Potential impacts of climate change on maize production and the introduction of soybean in Ireland", *Irish Journal of Agriculture and Food Research*, Vol. 42, pp. 1-15.

Howden, M. et R. Jones (2004), "Risk assessment of climate change impacts on Australia's wheat industry", In *Proceedings for the 4th International Crop Science Congress*, Brisbane, Australia, 26 September-1 October. Available at: www.cropscience.org.au.

Howden, S.M., S.J. Crimp et C.J. Stokes (2008), "Climate change and Australian livestock system: research, impacts and policy issues", *Australian Journal of Experimental Agriculture*, Vol. 48, pp. 780-788.

IFPRI (2009), "Climate Change – Impact on Agriculture and Costs of Adaptation", Food Policy Report International Food Policy Research Institute, Washington, DC, États-Unis, p. 30.

Iglesias, A., Quiroga, S. et A. Diz (2011), 'Looking into the future of agriculture in a changing climate', *European Review of Agricultural Economics*, Vol. 38(3), pp. 427-447.

Imamura, F. et D. Van To (1997), "Flood and Typhoon Disasters in Viet Nam in the Half Century Since 1950", *Natural Hazards*, Vol. 15, No. 1, pp. 71–87.

Jeppesen, E., B. Kronvang, J. Olesen, J. Audet, M. Søndergaard, C. Hoffmann, H. Andersen, T. Lauridsen, L. Liboriussen, S. Larsen, M. Beklioglu, M. Meerhoff, A. Ozen et K. Ozkan (2011), "Climate change effects on nitrogen loading from cultivated catchments in Europe: implications for nitrogen retention, ecological state of lakes and adaptation". *Hydrobiologia*, 663, pp. 1-21.

Jiang, D., Z. Li et Q. Wang (2012), "Trends in temperature and precipitation extremes over Circum-Bohai-Sea region, China", *Chinese Geographical Science*, Vol. 22, No. 1, pp. 75–87.

Jolly, W.M., M. Dobbertin, N.E. Zimmermann et M. Reichstein (2005), "Divergent vegetation growth responses to the 2003 heat wave in the Swiss Alps", *Geophysical Research Letters*, Vol. 32, No. 18.

Kallio, K., S. Rekolainen, P. Ekholm, K. Granlund, Y. Laine, H. Johnsson et M. Hoffman (1997), "Impacts of climatic change on agricultural nutrient losses in Finland", *Boreal Environment Research* Vol. 2, pp. 33–52.

Kabubo-Mariara, J. (2009), "Global warming and livestock husbandry in Kenya: Impacts and adaptations", *Ecological Economics*, Vol. 68, pp. 1915-1924.

Kenyon, W., G. Hill et P. Shannon (2008), "Scoping the role of agriculture in sustainable flood management", *Land use policy*, Vol. 25, pp. 351-360.

Kingwell, R. (2006), "Climate change in Australia: agricultural impacts and adaptation", *Australasian Agribusiness Review*, Vol. 14, No. 1.

Klein Tank, A.M.G. et G.P. Können (2003), "Trends in Indices of Daily Temperature and Precipitation Extremes in Europe, 1946-99", *Journal of Climate*, Vol. 16, pp. 3665-3680.

Knutson, T.R. et R.E. Tuleya (2004), "Impact of CO_2-induced warming on simulated hurricane intensity and precipitation: sensitivity to the choice of climate model and convective parametrization", *Journal of Climate*, Vol. 17, No. 18.

Komatsu, E., Fukushima, T. et H. Harasawa (2007), "A modeling approach to forecast the effect of long-term climate change on lake water quality", *Ecological Modelling*, Vol. 209, No. 2–4, pp. 351–366.

Kundzewicz, Z.W., L.J. Mata, N. Arnell, P. Döll, P. Kabat, B. Jiménez, K. Miller, T. Oki, Z. Şen et I. Shiklomanov (2007), Freshwater resources and their management. Climate Change 2007: Impacts, Adaptation and Vulnerability.Contribution of Working Group II to the Fourth Assessment Report of the Intergovernmental Panel on Climate Change (ed. by M.L. Parry,

O.F. Canziani, J.P. Palutikof, P.J. van der Linden and C.E. Hanson), 173–210. Cambridge University Press, UK. www.ipcc.ch/pdf/assessment-report/ar4/wg2/ar4-wg2-chapter3.pdf.

Lehner, B., Döll, P., Alcamo, J. Henrichs, T. et F. Kaspar (2006), "Estimating the impact of global change on flood and drought risks in Europe: a continental, integrated analysis", *Climatic Change*, Vol. 75, pp. 273-299.

Lin, E., X. Wei, J. Hui, X. Yinlong, L. Yue, B. Liping et X. Liyong (2005), "Climate change impacts on crop yield and quality with CO_2 fertilization in China", *Philosophical Transactions of The Royal Society. Biological Science*, Vol. 360, No. 1463, pp. 2149-2154.

Lobell, D.B. et M.B. Burke (2008), "Why are agricultural impacts of climate change so uncertain? The importance of temperature relative to precipitation", *Environmental Research Letters,* Vol. 3(3).

Lobell, D.B. et C.B. Field (2007), "Global scale climate–crop yield relationships and the impacts of recent warming", *Environmental Research Letters* **2**(1).

Lobell, D., W. Schlenker et J. Costa-Roberts (2011a), "Climate trends and global crop production since 1980", *Science,* Vol. 333(6042).

Lobell, D.B., M. Bänziger, C. Magorokosho et B. Vivek (2011b), "Nonlinear heat effects on African maize as evidenced by historical yield trials", *Nature Climate Change*, Vol. 1(1), 42–45.

Lobell, D.B., A. Torney et C.B. Field (2011c), "Climate extremes in California agriculture", *Climatic Change*, Vol. 109, No. 1 Suppl., pp. 355-363.

Ludwig, F. et S. Asseng (2006) "Climate change impacts on wheat production in a Mediterranean environment in Western Australia", *Agricultural Systems*, Vol. 90, pp. 159-179.

Luo, Q., W. Bellotti, M. Williams et B. Bryan, (2005a), "Potential impact of climate change on wheat yield in South Australia", *Agricultural and Forest Meteorology*, Vol. 32, pp. 273-285.

Luo, Q., B. Bryan, W. Bellotti et M. Williams (2005b), "Spatial analysis of environmental change impacts on wheat production in mid-lower north, South Australia", *Climatic Change*, Vol. 72, pp. 213-228.

Marino, P.G., D.P. Kaiser, L. Gu et D. M. Ricciuto (2011), "Reconstruction of false spring occurrences over the southeastern United States, 1901–2007: an increasing risk of spring freeze damage?", *Environmental Research Letters*, Vol. 6, pp. 024015.

McIsaac, G.F., M.B. David, et C.A. Mitchell (2010), "Miscanthus and switchgrass production in Central Illinois: Impacts on hydrology and inorganic nitrogen leaching", *Journal of Environment* Qual. 39, pp. 1790–1799.

Meehl, G.A. et C. Tebaldi (2004), "More Intense, More Frequent, and Longer Lasting Heat Waves in the 21st Century", *Science*, Vol. 305, No. 5686, pp. 994-997.

Meehl, G.A., F. Zwiers, J. Evans, T. Knutson, L. Mearns et P. Whetton (2000), "Trends in extreme weather and climate events: issues related to modeling extremes in projections of future climate change", *Bulletin of American Meteorological Society*, Vol. 81, No. 3.

Mendelsohn, R., W.D. Nordhaus et D. Shaw (1994), "The impact of global warming on agriculture: A Ricardian analysis", *The American Economic Review*, Vol. 84, No. 4, pp. 753–771.

Messner, F., E. Penning-Rowsell, C. Green, V. Meyer, S. Tunstall et A. van der Veen, (2007) "Evaluation of flood damages: guidance and recommendations on principles and methods," FLOODsite report T09-06-01. Available at: http://www.floodsite.net.

Minguez, M.I., M. Ruiz-Ramos, C.H. Díaz-Ambrona, M. Quemada et F. Sau (2007), "First-order impacts on winter and summer crops assessed with various high-resolution climate models in the Iberian Peninsula," *Climatic Change*, Vol. 81, No. 1, pp. 343-355.

Mishra, A. K. et V. P. Singh (2010), "A review of drought concepts", *Journal of Hydrology*, Vol. 391, No. 1-2, pp. 202-216."

Mitra, J. (2001), "Genetics and genetic improvement of drought resistance in crop plants". *Current Science*, Vol. 80, pp.758-762.

Moss, B., D. Stephen, D, M. Balayla, E. Becares, S.E. Collings, C. Fernandez-Alaez, M. Fernandez-Alaez, C. Ferriol, P. Garcia, J. Goma, M. Gyllstrom, L.A. Hannson, J. Hietala, T. Kairesalo, R. Miracle, S. Romo, J. Rueda, V. Russell, A. Stahl-Delbanco, M. Svensson, K. Vakkilainen, M. Valentini, W.J. van den Bund, E. van Donk, E. Vicente et M.J. Villen (2004), "Continental scale patterns of nutrient and fish effects on shallow lakes: synthesis of a pan-European mesocosm experiment", *Freshwater Biology*, Vol. 49, No. 13, pp. 1633–1649.

Mpelasoka, F., K. Hennessy, R. Jones et B. Bates (2008), "Comparison of suitable drought indices for climate change impacts assessment over Australia towards resource management", *International Journal of Climatology*, Vol. 28, pp. 1283–1292.

Murdoch, P.S., J.S. Baron et T.L. Miller (2000), "Potential effects of climate change on surface-water quality in North America", *Journal of the American Water Resources Association*, Vol. 36(2), pp. 344-366.

Nardone, A., B. Ronchi, N. Lacetera, M.S. Ranieri et U. Bernabucci (2010), "Effects of climate changes on animal production and sustainability of livestock systems", *Livestock Science*, Vol. 130, pp. 57-69.

National Research Council (NRC) (2007), *Water Implications of Biofuels Production in the United States*, Committee on Water Implications of Biofuels Production in the United States, Water Science and Technology Board, Division on Earth and Life Studies, NRC, Washington DC.

Nelson, G.C., M.W. Rosegrant, J. Koo, R. Robertson, T. Sulser, T. Zhu, C. Ringler, S. Msangi, A. Palazzo, M. Batka, M. Magalhaes, R. Valmonte-Santos, M. Ewing et D. Lee (2009), *Climate Change, Impact on Agriculture and Costs of Adaptation*, IFPRI, Washington D. C.

Ng, T.L., J.W. Eheart, X. Cai et F. Miguez (2010), "Modeling miscanthus in the Soil and Water Assessment Tool (SWAT) to simulate its water quality effects as a bioenergy crop". *Environmental Science and Technology*, 44 (18), pp. 7138–7144.

OCDE (2014a), *L'eau et l'adaptation au changement climatique : Des politiques pour naviguer en eaux inconnues,* Études de l'OCDE sur l'eau, Éditions OCDE, Paris.
doi : http://dx.doi.org/10.1787/9789264200647-fr.

OCDE (2014b), *Compendium des indicateurs agro-environnementaux de l'OCDE*, Éditions OCDE, Paris.
doi : http://dx.doi.org/10.1787/9789264181243-fr.

OCDE (2012a), Perspectives de l'environnement de l'OCDE à l'horizon 2050 : Les conséquences de l'inaction, Éditions OCDE, Paris.
doi : http://dx.doi.org/10.1787/env_outlook-2012-fr.

OCDE (2012b), *Qualité de l'eau et agriculture : Un défi pour les politiques publiques,* Études de l'OCDE sur l'eau, Éditions OCDE, Paris.
doi : http://dx.doi.org/10.1787/9789264121119-fr.

Ortiz-Bobea (2012), "Understanding Heat and Moisture Interactions in the Economics of Climate Change Impacts and Adaptation on Agriculture", document de travail.

Ortiz-Bobea, A. et R.E. Just (2012), "Modeling the structure of adaptation in climate change impact assessment", *American Journal of Agricultural Economics*, publié en ligne.

Pantaleoni, E., B.A. Engel et C.J. Johannsen (2007), "Identifying agricultural flood damage using Landsat imagery", *Precision Agriculture*, Vol. 8, No. 1-2, pp. 27–36.

Park, T., C. Ho, S. Jeong, Y. Choi, S.K. Park et C. Song (2011), "Different characteristics of cold day and cold surge frequency over East Asia in a global warming situation", *Journal of Geophysical Research: Atmospheres*, Vol. 116, No. D12.

Parry, M.L., C. Rosenzweig, A. Iglesias, M. Livermore et G. Fischer (2004), "Effects of climate change on global food production under SRES emissions and socio-economic scenarios", *Global Environmental Change*, Vol. 14, pp. 53-67.

Parsons, D.J., A.C. Armstrong, J.R. Turnpenny, A.M. Matthews, K. Cooper et J.A. Clark (2001), "Integrated models of livestock systems for climate change studies. 1. Grazing systems", *Global Change Biology*, Vol. 7, pp. 93-112.

Philpott, S.M., B.B. Lin, S. Jha et S.J. Brines (2008), "A multi-scale assessment of hurricane impacts on agricultural landscapes based on land use and topographic features", *Agriculture, Ecosystems and Environment*, Vol. 128, No. 1-2, pp. 12-20.

Piao, S.L., J.Y. Fang, L.M. Zhou, P. Ciais et B. Zhu (2006), "Variations in satellite-derived phenology in China's temperate vegetation", *Global Change Biology*, Vol. 12, pp. 672–685.

Piao, S., P. Ciais, Y. Huang, Z. Shen, S. Peng, J. Li, H. Liu, Y. Ma, Y. Ding, P. Friedlingstein, C. Liu, K. Tan, Y. Yu, T. Zhang et J. Fang (2010), "The impacts of climate change on water resources and agriculture in China", *Nature*, 467, pp. 43-51.

Pivot, J., E. Josien et P. Martin (2002), "Farms adaptation to changes in flood risk: A management approach", *Journal of Hydrology*, Vol. 267, No. 1-2, pp. 12-25.

Planton, S., M. Dèque, F. Chauvin et L. Terray (2008), "Expected impacts of climate change on extreme climate events", *Comptes Rendus Geoscience*, Vol. 340, No. 9-10, pp. 564-574.

Quiggin, J. et J. Horowitz (2003), "Costs of adjustment to climate change", *Australian Journal of Agricultural and Resource Economics*, Vol. 47, pp. 429-446.

Reyenga, P.J., S.M. Howden, H. Meinke et G.M. McKeon (1999), Modelling global change impacts on wheat cropping in south-east Queensland, Australia. Environmental Modelling and Software 14, 297-306.

Rigby, J.R. et A. Porporato (2008), "Spring frost risk in a changing climate", *Geophysical Research Letters*, Vol. 35, No. 12.

Roberts, M.J., W. Schlenker et J. Eyer (2012), "Agronomic weather measures in econometric models of crop yield with implications for climate change", *American Journal of Agricultural Economics*, Vol. 95, No. 2, pp. 236-243.

Rosenzweig, C. et M.L. Parry (1994), "Potential impact of climate change on world food supply", *Nature*, Vol. 367, pp. 133-138.

Rosenzweig, C., A. Iglesias, X.B. Yang, P.R. Epstein et E. Chivian (2001), "Climate change and extreme weather events. Implications for food production, plant diseases, and pests", *Global change and human health*, Vol. 2, No. 2.

Rosenzweig, C., F.N. Tubiello, R. Goldberg, E. Mills et J. Bloomfield (2002), "Increased crop damage in the US from excess precipitation under climate change", *Global Environmental Change*, Vol. 12, No. 3, pp. 197-202.

Rosenzweig C., J.W. Jones, J.L. Hatfield, A.C. Ruane, K.J. Boote, P. Thorburn, J.M. Antle, G.C. Nelson, C. Porter, S. Janssen, S. Asseng, B. Basso, F. Ewert, D. Wallach, G. Baigorria et J. M. Winter (2013), "The Agricultural Model Intercomparison and Improvement Project (AgMIP): Protocols and pilot studies", *Agricultural and Forest Meteorology*, Vol. 170, pp. 166-182.

Rötter, R. et S.C. van de Geijn (1999), "Climate change effects on plant growth, crop yield and livestock", *Climatic Change*, Vol. 43, No. 4, pp. 651-681.

Sadras, V.O. et J. P. Monzon (2006), "Modelled wheat phenology captures rising temperature trends: shortened time to flowering and maturity in Australia and Argentina", *Field Crops Research*, Vol. 99, pp. 136-146.

Schaap, B.F., M. Blom-Zandstra, C.M.L. Hermans, B.G. Meerburg et J. Verhagen (2011), "Impact changes of climatic extremes on arable farming in the north of the Netherlands", *Regional Environmental Change*, Vol. 11, No. 3, pp. 731-741.

Schlenker, W. et M. Roberts (2009), "Nonlinear temperature effects indicate severe damages to us crop yields under climate change". *Proceedings of the National Academy of Sciences*, 106(37), 15594.

Seo, N.S., B.A. McCarl et R. Mendelsohn (2010), "From beef cattle to sheep under global warming? An analysis of adaptation by livestock species choice in South America", *Ecological Economics*, Vol. 69, No. 12, pp. 2486-2494.

Seo, S.N. et B. McCarl (2011), "Managing livestock species under climate change in Australia, Animals, Vol. 1, No. 4, pp. 343-365.

Seo, S.N. et R. Mendelsohn (2008), "Measuring impacts and adaptations to climate change a structural Ricardian model of African livestock management", *Agricultural Economics*, Vol. 38, No. 2, pp. 151-165.

Shabbar, A. et B. Bonsal (2003), "An assessment of changes in winter cold and warm spells over Canada", *Natural Hazards*, Vol. 29, No. 2, pp. 173–188.

Sheffield, J., E.F. Wood et M.L. Roderick (2012), "Little change in global drought over the past 60 years", *Nature*, Vol. 491, pp. 435-438.

Sherif M.M. et V.P. Singh (1999), "Effect of climate change on sea water intrusion in coastal aquifers", *Hydrological Processes*, Vol. 13, pp. 1277-1287.

Sinclair, T. (2010), *Precipitation: The thousand-pound gorilla in crop response to climate change*, World Scientific Books, Hackensack, NJ., pp. 179–190.

Singh, S.K., H.R. Meena, D.V. Kolekar et Y.P. Singh (2012), "Climate change impacts on livestock and adaptation strategies to sustain livestock production", *Journal of Veterinary Advances*, Vol. 2, No. 7, pp. 407-412.

Smith, D.I. (1994), "Flood damage estimation – A review of urban stage damage curves and loss functions", *Water SA*, Vol. 20, No. 3.

Sonnenborg, T.O., K. Hinsby, L. van Roosmalen et S. Stisen (2012), "Assessment of climate change impacts on the quantity and quality of a coastal catchment using a coupled groundwater-surface water model", *Climatic Change*, Vol. 113, No. 3-4, pp. 1025-1048.

Tao, F.L., M. Yokozawa, J.Y. Liu et Z. Zhang (2008), "Climate-crop yield relationships at provincial scales in China and the impacts of recent climate trends", *Climate Research*, Vol. 38, pp. 83–94.

Tao, F., M. Yokozawa, Y. Hayashi et E. Lin (2003), "Future climate change, the agricultural water cycle, and agricultural production in China", *Agriculture, Ecosystems and Environment*, Vol. 95, No. 1, pp. 203-215.

Tapia-Silva, F., S. Itzerott, S. Foerster, B. Kuhlmann and H. Kreibich (2011), "Estimation of flood losses to agricultural crops using remote sensing", *Physics and Chemistry of the Earth*, Vol. 36, No. 7-8, pp. 253-266.

Taylor, R.G., B. Scanlon, P. Döll, M. Rodell, R. van Beek, Y. Wada, L. Longuevergne, M. Leblanc, J.S. Famiglietti, M. Edmunds, L. Konikow, T.R. Green, J. Chen, M. Taniguchi, M.F.P. Bierkens, A. MacDonald, Y. Fan, R.M. Maxwell, Y. Yechieli, J.J. Gurdak, D.M. Allen, M. Shamsudduha, K. Hiscock, P.J.-F. Yeh, I. Holman et H. Treidel (2012), "Ground water and climate change", *Nature Climate Change*, Vol. 3, No. 1.

Thornton, P.K., J. van de Streeg, A. Notenbaert et M. Herrero (2009), "The impacts of climate change on livestock and livestock systems in developing countries. A review of what we know and what we need to know", *Agricultural Systems*, Vol. 101, No. 3, pp. 113-127.

Tubiello, F.N., J-F Soussana et S. M. Howden (2007), "Crop and pasture response to climate change", *Proceedings of the National Academy of Sciences of USA*, Vol. 104, No. 50, pp. 19686-19690.

van der Velde, M., G. Wriedt et F. Bouraoui (2010), "Estimating irrigation use and effects on maize yield during the 2003 heatwave in France", *Agriculture, Ecosystems and Environment*, Vol. 135, No. 1-2, pp. 90–97.

van Ittersum, M.K., Howden, S.M. et Asseng, S. (2003) Sensitivity of productivity and deep drainage of wheat cropping systems in a Mediterranean environment to changes in CO_2, temperature and precipitation. Agriculture, Ecosystems and Environment, Vol. 97, 255-273.

Varanou, E., E. Gkouvatsou, E. Baltas et M. Mimikou (2002), "Quantity and quality integrated catchment modeling under climate change with use of soil and water assessment tool model", *Journal of Hydrologic Engineering*, Vol. 7, No. 3, pp. 228–244.

Wang, D., M. Hejazi, X. Cai et A. J. Valocchi (2011), "Climate change impact on meteorological, agricultural, and hydrological drought in central Illinois", *Water Resources Research*, Vol. 47, No. 9, p. W09527.

Wang, G. (2005), "Agricultural drought in a future climate: results from 15 global climate models participating in the IPCC 4th assessment", *Climate Dynamics*, Vol. 25, No. 7, pp. 739-753.

Wang, J., R. Mendelsohn, A. Dinar, J. Huang, S. Rozelle et L. Zhang (2009a), "The impact of climate change on China's agriculture", *Agricultural Economics*, Vol. 40, No. 3, pp. 323–337.

Wang, J., E. Wang, Q. Luo et M. Kirby (2009b), "Modelling the sensitivity of wheat growth and water balance to climate change in southeast Australia", *Climatic Change*, Vol. 96, pp. 79-96.

Werner, A.D., M. Bakker, V.E.A. Post, A. Vandenbohede, C. Lu, B. Ataie-Ashtiani, C.T. Simmons et D.A. Barry (2012), *Seawater intrusion processes, investigation and management: Recent advances and future challenges*, Advances in water resources, In Press, http://dx.doi.org/10.1016/j.advwatres.2012.03.004.

Whitehead, P.G., R.L. Wilby, D. Butterfield et A.J. Wade (2006), *Impacts of climate change on in-stream nitrogen in lowland chalk streams: an appraisal of adaptation strategies.* Science Total Environment, Vol. 365, No. 1-3, pp. 260–273.

Whitehead, P.G., R.L. Wilby, R.W. Battarbee, M. Kernan et A.J. Wade (2009), "A review of the potential impacts of climate change on surface water quality", *Hydrological Sciences Journal*, Vol. 54, No. 1, pp. 101-123.

Wilby, R.L. (1994), "Exceptional weather in the Midlands, UK during 1988–1990 results in the rapid acidification of an upland stream", *Environmental Pollution*, Vol. 86, pp. 15–19.

Wreford, A., D. Moran et N. Adger (2010), *Climate Change and Agriculture: Impacts, Adaptation and Mitigation*, Éditions OCDE. http://dx.doi.org/10.1787/9789264086876-en.

Yao, F., P. Qin, J. Zhang, E. Lin et V. Boken (2011), "Uncertainties in assessing the effect of climate change on agriculture using model simulation and uncertainty processing methods", *Chinese Science Bulletin*, Vol. 56, No. 8, pp. 729-737.

Zhang, X. et X. Cai (2013), "Climate Change Impacts on Global Agricultural Water Deficit", *Geophysical Research Letters*, Vol. 40, Issue 6, pp. 1111-1117.

Zhou, G., S. Wan, G. Feng et W. He (2012), "Effects of regional warming on extreme monthly low temperatures distribution in China", *International Journal of Climatology*, Vol. 32, pp. 387–391.

Chapitre 2

Adaptation et atténuation au changement climatique dans le domaine de la gestion de l'eau agricole

Ce chapitre propose un cadre d'analyse économique pour l'adaptation de la gestion de l'eau agricole dans le contexte du changement climatique, et examine le rôle et le potentiel des instruments d'action publique pour favoriser l'adaptation dans ce domaine.

Les données statistiques concernant Israël sont fournies par et sous la responsabilité des autorités israéliennes compétentes. L'utilisation de ces données par l'OCDE est sans préjudice du statut des hauteurs du Golan, de Jérusalem Est et des colonies de peuplement israéliennes en Cisjordanie aux termes du droit international.

Le chapitre précédent a montré que le changement climatique devrait avoir, à l'avenir, de profondes répercussions sur les hydrosystèmes et la production agricole. Cependant, les prévisions des impacts climatiques sur l'eau sont relativement peu fiables, ce qui représente une difficulté majeure pour les responsables politiques. En effet, les projections climatiques sont généralement très incertaines, notamment en ce qui concerne les précipitations, et l'établissement de prévisions plus précises pose de nombreux problèmes. En d'autres termes, les responsables politiques manquent de projections suffisamment précises et d'une échelle adéquate pour prendre des décisions en matière d'adaptation. Ces dernières doivent par conséquent intégrer un degré d'incertitude élevé. Fort de cette constatation, le présent chapitre propose un cadre économique de référence pour l'analyse de l'adaptation de la gestion de l'eau agricole au changement climatique et l'étude du rôle et de l'efficacité des différents moyens d'action à l'appui de l'adaptation.

Mesures d'adaptation dans le domaine de la gestion de l'eau agricole : contexte économique

Incertitude, vision à long terme et complexité des interactions : trois caractéristiques de la problématique de l'adaptation au changement climatique

L'adaptation au changement climatique peut être définie comme « un ajustement des écosystèmes ou des systèmes socio-économiques en réponse à des stimuli climatiques présents ou futurs ou à leurs effets, afin d'atténuer leurs conséquences négatives ou d'exploiter de nouveaux éléments favorables » (OCDE, 2010b). Les différentes publications et analyses des politiques proposent d'autres définitions (voir en particulier Hallegatte et al., 2011), mais toutes mettent en exergue la question centrale de l'adaptation, qui consiste à évaluer l'efficacité et le coût des options qui pourraient atténuer les répercussions du changement climatique. L'analyse des stratégies d'adaptation doit donc intégrer deux dimensions fondamentales : l'existence d'une incertitude profonde et de problématiques temporelles, qui compliquent la tâche des décideurs ; et la nécessité de préciser le rôle spécifique des interventions de l'État.

Il est difficile compte tenu de l'existence de ces *incertitudes profondes*[1] d'élaborer une série optimale de mesures et de les échelonner dans le temps. Les chapitres précédents ont démontré que le changement climatique a de multiples incidences sur le cycle de l'eau, qui ont à leur tour des effets difficilement prévisibles sur l'agriculture, en particulier à l'échelle locale où sont prises la plupart des décisions en matière d'adaptation. En outre, la manière dont les différentes variables climatiques (températures, précipitations, évapotranspiration) agissent sur la production agricole n'est que partiellement comprise, ce qui ne simplifie pas la mise en place des stratégies d'adaptation. À l'heure actuelle, les investissements dans l'adaptation sont coûteux et leurs bénéfices sont à la fois très incertains et attendus à très long terme, leur poids étant allégé par le taux d'actualisation. De ce fait, les institutions et leurs représentants sont faiblement incités à investir dans l'adaptation. Les pouvoirs publics pourraient appliquer un taux d'actualisation social plus faible au moment d'évaluer les valeurs actualisées des avantages et des coûts futurs. Cependant, la fixation d'un taux d'actualisation adéquat est déjà très incertaine en elle-même et soulève des problèmes d'éthique. En effet, il ne s'agit pas uniquement d'une problématique technique consistant à évaluer des préférences à court terme, mais également d'une question d'équité intertemporelle entre les générations (Gollier, 2013 ; Fleurbaey et Zuber, 2012).

Dans un contexte aussi délicat, les agents économiques rationnels et les institutions sont naturellement encouragés à adopter une méthode d'apprentissage dynamique, qui consiste à s'attendre en permanence à l'arrivée de nouvelles informations relatives à l'évaluation de l'impact du changement climatique, à analyser de façon plus détaillée les conséquences régionales ou locales de ce phénomène, et à mettre au point de nouvelles technologies capables de s'attaquer plus efficacement aux changements des conditions climatiques, etc. L'adaptation au changement climatique est un processus continu, qui implique d'apprendre et de revenir sur ses opinions, et non pas de faire un choix ponctuel parmi un ensemble de possibilités clairement définies. Sont conjugués des mesures d'adaptation prises en réponse à des événements et des dispositifs d'anticipation fondés sur l'état actuel des connaissances et les prévisions des décideurs, de telle sorte que la distinction entre ces deux catégories est le plus souvent dénuée de sens (Smit et al., 2000). En conséquence, les investissements qui renforcent la capacité des agents économiques et des institutions à réagir plus rapidement et sans heurt aux évolutions en cours revêtent une importance capitale. À cet égard, la question essentielle est de savoir si les manifestations du changement climatique sont assez visibles pour influencer suffisamment ces décisions.

Dans ce contexte de grande incertitude, les stratégies d'adaptation doivent donc chercher en permanence un compromis entre la nécessité de traiter un problème et le manque de visibilité (**encadré 2.1**). Toutefois, comme le souligne le chapitre 1, les décideurs doivent, lors de l'évaluation des coûts et des avantages des différentes stratégies d'adaptation, tenir également compte d'autres éléments fondamentaux tels que l'augmentation de la demande de nourriture au cours du siècle prochain. L'eau est une ressource vulnérable essentielle à la vie et aux écosystèmes, et les évolutions socio-économiques des décennies à venir justifient à elles seules le renforcement de l'efficacité de la gestion de l'eau et de l'utilisation de l'eau. En d'autres termes, même sans changement climatique, il faut s'attendre à ce que le prix relatif (fictif) de l'eau augmente à l'avenir. La prise en compte de cette progression du prix fictif de ressources naturelles telles que l'eau, en raison de leur raréfaction prévue, peut contrebalancer le rôle du taux d'anticipation dans le cadre de l'analyse coût-avantages à long terme (OCDE, 2006). Les mesures d'adaptation dites « sans regret » vont dans ce sens.

Encadré 2.1. Avantages et limites des méthodes économiques d'évaluation des mesures d'adaptation

Des critères de performances permettant d'évaluer les mesures d'adaptation doivent être définis pour orienter les choix et les décisions *ex ante* et juger les performances effectives des politiques. L'établissement et la réalisation des objectifs d'adaptation doivent être également placés sous le signe de l'efficience économique. Ainsi, (i) les avantages et coûts marginaux liés à la réalisation de ces objectifs doivent être raisonnablement équilibrés ; et (ii) quel que soit l'objectif fixé, ce dernier doit être atteint au moindre coût. Toute bonne politique d'adaptation se distinguera par son *efficacité*, son *efficience économique* et son *équité* (Cimato et Mullan, 2010). L'efficacité désigne la capacité des instruments à atteindre les objectifs d'adaptation déclarés, tandis que l'efficience économique est assurée par le choix de moyens d'action permettant de réaliser les objectifs d'adaptation tout en réduisant au minimum les coûts de mise en conformité, et partant d'optimiser le rapport coût-efficacité. Enfin, une répartition équitable des coûts et avantages économiques entre et au sein des différents groupes joue un rôle primordial dans le choix et l'évaluation des politiques d'adaptation.

S'agissant de l'évaluation des politiques, l'analyse coût-avantages pour la société se rapproche d'une analyse du bien-être social (Johansson, 1991). Cet exercice axé sur la collecte d'information soulève cependant d'importants enjeux méthodologiques et de mesure étant donné qu'il nécessite des estimations monétaires quant aux biens non marchands. L'idée de départ consiste à mesurer, en unités monétaires, à quel point le bien-être social est influencé par une politique d'adaptation particulière. L'analyse coût-avantages peut être effectuée au préalable ou à posteriori. L'analyse *ex ante* fournit des informations sur l'intérêt social d'une politique d'adaptation. L'analyse en aval aide quant à elle à identifier ce qui contribue ou non au bien-être social (OCDE, 2006).

L'analyse coût-avantages est difficile à mener en raison des incertitudes liées aux impacts du changement climatique et donc aux bénéfices apportés par les mesures d'adaptation. Selon Hallegatte et al. (2012), en dépit de ces incertitudes, il s'agit tout de même d'une méthode de référence. En outre, il est possible d'y recourir avec au moins deux scénarios, l'un « optimiste » et l'autre « pessimiste », assortis de probabilités d'occurrence, en veillant à s'assurer de la solidité des résultats concernant ces probabilités (Hallegatte et al., 2012).

Les impacts climatiques étant hautement incertains, les avantages (et parfois les coûts) des politiques d'adaptation sont tout autant aléatoires. Par conséquent, il peut être nécessaire de recourir à des processus de décision permettant d'adopter des mesures solides face à ces incertitudes (Cimato et Mullan, 2010). Le principe du minimax, consistant à minimiser les pertes possibles dans un scénario de perte maximale, illustre parfaitement cette approche.

L'adaptation au changement climatique étant un processus dynamique, les mesures prises dans ce cadre doivent autant que possible favoriser la flexibilité et l'apprentissage (Cimato et Mullan, 2010). À cet égard, il est possible de recourir à l'analyse par les options réelles (AOR), qui permet d'introduire la flexibilité (valeur de l'option d'attente) dans les coûts de l'investissement (Pindyck, 1989 ; Dixit et Pindyck, 1994). L'AOR institue un mécanisme d'apprentissage dynamique grâce auquel les investissements et les décisions essentielles peuvent être échelonnés. Dans ce contexte, ce dispositif doit toutefois être utilisé prudemment, du fait notamment du caractère aléatoire des modèles climatiques (l'incertitude ne décroit pas nécessairement au fil du temps) et des dommages potentiellement irréversibles causés par le report des décisions (Cimato et Mullan, 2010).

Objectifs des stratégies d'adaptation : réduire la vulnérabilité et augmenter la résilience

Dans ce contexte de profonde incertitude, on estime généralement que la réponse apportée en matière de stratégies d'adaptation doit cibler davantage les *capacités d'adaptation* des systèmes, au détriment des choix d'adaptation eux-mêmes. Le changement climatique étant un phénomène continu potentiellement ponctué d'événements inopinés, le fait de limiter la problématique de l'adaptation à la question du choix entre des techniques prédéfinies introduit une rigidité excessive au niveau de la résolution des problèmes. Par conséquent, l'objectif de ces stratégies devrait plutôt être de réduire la vulnérabilité globale du système concerné, autrement dit sa « propension ou prédisposition à subir des dommages » (GIEC, 2012). La vulnérabilité résulte de l'association d'un niveau donné d'exposition et de sensibilité au changement climatique et des chocs correspondants (**graphique 2.1**). Les deux principales mesures à prendre pour s'attaquer à la vulnérabilité au changement climatique doivent donc permettre de limiter l'exposition et la sensibilité du système et d'améliorer ses capacités d'adaptation. Un autre objectif étroitement lié à ces principes consiste à renforcer la *résilience*, qui peut se définir comme la « capacité des systèmes, des communautés, des ménages ou des individus de prévenir, d'atténuer ou de maîtriser les risques et de surmonter des chocs » (Gitz et Meybeck, 2012). La résilience est étroitement liée à la réduction de la vulnérabilité mais, comme le soulignent Gitz et Meybeck, ce concept inclut également l'idée de récupération après des chocs et revêt une dimension plus dynamique, contrairement à la vulnérabilité, qui est plus statique. La résilience des systèmes repose donc sur la capacité de s'adapter continuellement à des conditions climatiques changeantes, à absorber les chocs qui en découlent et à retrouver le chemin de la croissance et du développement.

La vulnérabilité et la résilience ne renvoient pas uniquement aux impacts physiques du changement climatique sur les systèmes agricoles, mais également à ses conséquences économiques, sociales et environnementales. Le fait de rendre un système moins vulnérable et plus résilient nécessite de tenir compte des différents niveaux d'action de ce système, ainsi que de leurs liens d'interdépendance. Supposons par exemple que dans une région donnée, le changement climatique renforce la fréquence et la gravité des sécheresses et que les agriculteurs ne soient pas en mesure d'anticiper pleinement ces événements : si les systèmes de production ne sont pas adaptés, les exploitants risquent de subir des pertes de rendement plus fréquentes et plus importantes. L'assurance des cultures peut renforcer la résilience des agriculteurs en atténuant les énormes pertes de revenus dues à ces chocs climatiques plus fréquents, et donc les aider à se redresser plus facilement. La prime d'assurance peut également avoir une fonction indicatrice de la progression du coût du risque, et ainsi inciter les exploitants à limiter leur exposition au risque sur le long terme en adaptant leurs systèmes de cultures.

Toutefois, la réduction de la vulnérabilité face au changement climatique ne conduit pas toujours à une amélioration de la résilience et ne garantit pas non plus la viabilité écologique d'un système sur le long terme. Le fait de diminuer la vulnérabilité à court terme peut même provoquer son intensification à long terme. Par exemple, afin d'atténuer les risques liés à leur approvisionnement en eau, les irrigants pourraient être tentés de ne plus utiliser l'eau de surface, dont les quantités disponibles fluctuent de plus en plus en raison du changement climatique, pour s'alimenter en eau douce directement dans les nappes souterraines. Cependant, dans le cas de nappes souterraines non renouvelables, cette stratégie tient plus de la fuite en avant que d'une adaptation durable au changement climatique. Plus encore, cette exploitation temporaire des eaux souterraines peut dissuader les agriculteurs d'investir dans des systèmes présentant un meilleur rendement hydraulique, et finalement retarder leur adaptation. Un raisonnement semblable peut s'appliquer aux systèmes d'assurance et de compensation subventionnés par l'État qui ne sont pas fondés sur des primes équitables. En effet, en l'absence de signaux de prix démontrant la prise de risque, ces dispositifs permettent de réduire la vulnérabilité et de résister à des chocs à court terme mais peuvent accroître l'exposition aux risques et retarder l'adaptation sur le long terme. Dans le même esprit, certains auteurs soulignent l'importance de la distinction entre résilience et *résistance* (Dauphiné et Provitolo, 2007). L'amélioration de la résistance consiste essentiellement à réduire la vulnérabilité face aux chocs, tandis que la résilience met davantage l'accent sur l'amélioration de la capacité d'un système donné à recouvrer son état initial et nécessite des qualités telles que la diversification, l'auto-organisation et l'apprentissage.

Graphique 2.1. Vulnérabilité et résilience

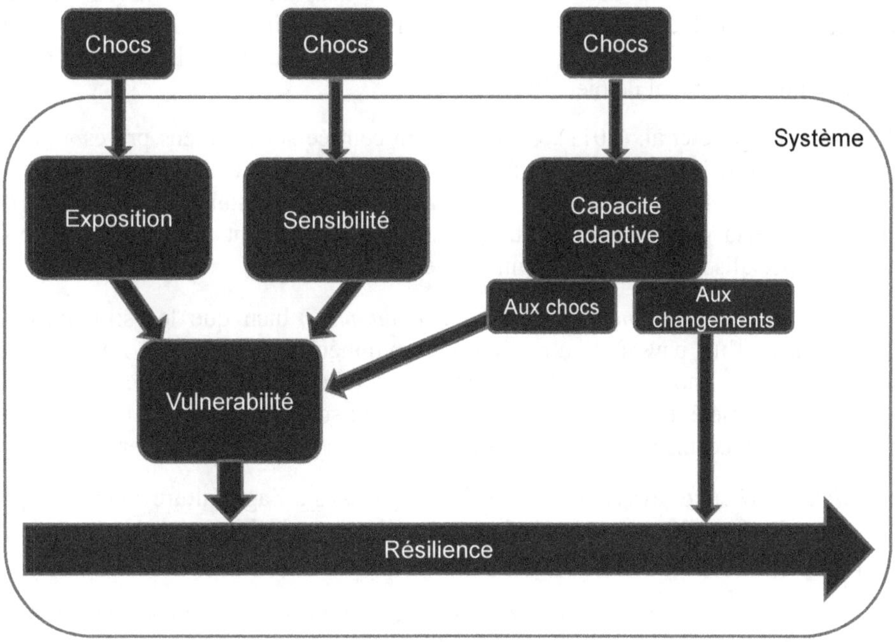

Source : Gitz, V. et A. Meybeck (2012), "Risks, Vulnerabilities and Resilience in a Context of Climate Change", in Meybeck, A., J. Lankoski, S. Redfern, N. Azzu et V. Gitz (eds.) *Building resilience for adaptation to climate change in the agriculture sector – Proceedings of a Joint FAO/OECD Workshop*, Rome, 23-24 avril 2012.

Justification économique de l'intervention de l'État dans l'adaptation au changement climatique

Dans la plupart des pays de l'OCDE, les pouvoirs publics et les autorités locales jouent d'ores et déjà un rôle important dans le domaine de la gestion de l'eau agricole par l'intermédiaire des politiques d'innovation, de la planification de la gestion de l'eau, des instruments de la politique de l'eau, des mécanismes de compensation et d'assurance contre les catastrophes naturelles et, plus généralement, des politiques agricoles et agro-environnementales. Il semble donc assez naturel que les politiques publiques s'intéressent à l'adaptation au changement climatique. Cependant, la manière dont l'adaptation modifie le rôle traditionnel des politiques publiques dans ces domaines mérite réflexion.

En effet, il est important de clarifier les raisons justifiant une intervention particulière des pouvoirs publics dans les stratégies d'adaptation au changement climatique. À ce sujet, Hallegatte et al. (2011) proposent, à titre d'information, une analyse économique du bien-fondé des politiques d'adaptation au changement climatique. Selon ces auteurs, il existe une différence économique fondamentale entre atténuation et adaptation : si l'atténuation se concentre sur la protection d'un bien public, ce qui implique généralement l'intervention des pouvoirs publics sous une forme ou sous une autre, l'adaptation est plutôt associée en pratique à des biens et/ou services privés. Dans le secteur agricole, il pourra s'agir par exemple d'investissements dans des technologies d'irrigation plus économes en eau ; de nouvelles pratiques de gestion agricole modifiant les associations de cultures et des dates de semis, par exemple ; et d'analyses de sol.

Du point de vue des politiques publiques, le fait de considérer l'adaptation comme une question de biens et services privés peut inciter à voir dans le *laissez-faire* la méthode la plus efficace pour répondre à l'enjeu de l'adaptation. Dans ce contexte, chaque agriculteur investirait individuellement dans des techniques d'adaptation en fonction de l'état des connaissances disponibles, des prévisions relatives au climat futur, etc. de manière à maximiser son utilité. Le résultat collectif de ces choix d'adaptation individuels coïnciderait alors avec le niveau optimal de bien-être social.

D'après Hallegatte et al. (2011), cette « vision centrée sur les biens privés » ne tient pas compte des caractéristiques spécifiques à l'adaptation, résumées dans l'**encadré 2.2**. Certaines de ces particularités sont extrêmement importantes dans le domaine de la gestion de l'eau agricole — et de la gestion de l'eau en général — et justifient amplement des politiques d'adaptation spécialisées. Il s'agit notamment de :

- *L'eau considérée comme une ressource commune :* bien que les situations diffèrent grandement d'un pays à l'autre, il est communément admis que l'eau présente des caractéristiques (non excluabilité notamment) telles qu'il est difficile de définir des droits de propriété. Lorsque les ressources en eau sont communes, il faut en effet mettre en place des mécanismes de coordination entre les usagers afin d'éviter le gaspillage.
- *L'existence d'effets externes sur les hydrosystèmes* : l'agriculture altère la qualité de l'eau par le ruissellement et le lessivage des éléments fertilisants – des composés azotés et phosphorés – et par les pesticides (OCDE, 2012b).
- *L'existence de* réseaux *d'infrastructures :* c'est le cas des systèmes d'irrigation et, plus généralement, des réseaux d'approvisionnement en eau.

Ces caractéristiques nécessitent des interventions spécifiques de la part des pouvoirs publics, qui ne se limitent pas à la problématique de l'adaptation. En effet, sans même tenir compte de la notion d'adaptation, les effets externes et le caractère commun des ressources constituent déjà un aspect essentiel de la gestion de l'eau agricole. Cependant, la question est de savoir quelles répercussions auront les choix relatifs à l'adaptation sur le niveau des externalités et des ressources collectives. En somme, la problématique réelle concerne *l'interaction entre les défaillances existantes du marché et les choix liés à* l'adaptation, car certaines de ces décisions sont susceptibles d'aggraver ou au contraire d'améliorer ces effets externes, comme elles peuvent renforcer ou amoindrir la surexploitation des ressources en eau. Par exemple, l'irrigation peut constituer une réponse à un déficit en eau au niveau d'une exploitation agricole, mais si la totalité des agriculteurs sur un même bassin versant délaissaient les cultures pluviales au profit de cultures irriguées, cela aggraverait la surconsommation d'eau.

Encadré 2.2. Caractéristiques de l'adaptation au changement climatique pouvant nécessiter une intervention des pouvoirs publics

Les caractéristiques ci-après sont susceptibles de décourager les producteurs et/ou les consommateurs d'opérer les investissements nécessaires, d'un point de vue à la fois privé et social, dans des mesures d'adaptation :

1. Diffusion insuffisante des informations disponibles
2. Obstacles aux mesures collectives à l'échelle locale
3. Pesanteur des processus décisionnels et prise en compte inappropriée des conséquences à long terme sur les décisions d'investissements privés
4. Effets externes négatifs ou positifs
5. Rôle des principaux réseaux d'infrastructures pour l'intérêt général
6. Inadaptation des normes et réglementations existantes
7. Pauvreté et contraintes budgétaires

Source : Hallegatte, S., A. Shah, R. Lempert, C. Brown, S. Gill (2012), ""Investment Decision Making Under Deep Uncertainty – Application to Climate Change", *Policy Research Working Paper No. 6193*, World Bank, Washington DC.

À la lecture des défaillances du marché liées à la gestion de l'eau décrites ci-dessus, il apparaît clairement que *vulnérabilité privée* ne signifie pas *vulnérabilité sociale* au changement climatique. De même, la *résilience à titre privé* n'a rien à voir avec la *résilience sociale.* De ce fait, le rôle des politiques publiques dans le domaine de la gestion de l'eau agricole pourrait être de veiller à ce que les stratégies d'adaptation résilientes se conforment autant que faire se peut à l'objectif général d'utilité collective, en s'attachant aux dimensions environnementales et sociales.

Agir aux différents niveaux pour adapter la gestion de l'eau agricole au changement climatique

Afin d'inscrire la réflexion dans le cadre présenté ci-dessus, les prochaines sections analyseront les stratégies d'adaptation dans le domaine de la gestion de l'eau agricole en considérant cinq niveaux d'action :

- adaptation de la gestion de l'eau au niveau des exploitations ;
- politiques de gestion de l'eau visant l'adaptation au niveau des bassins versants ;
- méthodes de gestion des risques aux fins de l'adaptation aux risques croissants de sécheresses et d'inondations ;
- cohérence des politiques agricoles et rôle des facteurs qui déterminent le marché ;
- interactions entre les pratiques d'atténuation et d'adaptation dans le domaine de la gestion de l'eau agricole.

Le reste de ce chapitre sera exclusivement consacré à l'examen de chacun de ces cinq niveaux d'action. Les principales recommandations émergeant de cette analyse seront présentées dans le chapitre 3.

Adaptation de la gestion de l'eau au niveau des exploitations

L'exploitation agricole représente le premier niveau d'adaptation au changement climatique. Les mesures d'adaptation se définissent généralement comme des modifications des pratiques de gestion agricoles — voire de l'ensemble des systèmes de cultures et d'élevage — menant à une réduction des impacts, ou sont liées à l'évolution des variables climatiques. Bien évidemment, les décisions d'adaptation des exploitants dépendent de nombreux éléments, tels que les politiques et les marchés, la réglementation environnementale et les institutions. Certains de ces déterminants peuvent faciliter, ou au contraire retarder, l'adoption de ces stratégies. C'est une question importante qui sera examinée plus bas dans le présent chapitre. La section ci-après se concentre sur l'adaptation des pratiques de gestion agricole au changement climatique et cherchera à comprendre comment les politiques publiques peuvent encourager les exploitants agricoles à choisir ces options, dans un contexte politique et commercial donné.

Examen des principales mesures d'adaptation possibles dans le domaine de la gestion de l'eau agricole

En ce qui concerne les cultures, au niveau des exploitations agricoles, les principales mesures d'adaptation au changement climatique incluent les options suivantes (consulter FAO, 2011 pour un examen complet des techniques existantes ; ou Saleth et al., 2011 dans le cas précis de la sécheresse) :

- l'adoption de variétés résistantes à la sécheresse;
- la modification des dates de semis pour tirer parti d'une période végétative plus longue et réduire la probabilité d'exposition des cultures à une période de sécheresse ;
- l'amélioration de l'efficacité de l'irrigation afin d'atténuer la sensibilité de l'exploitation agricole aux variations des disponibilités d'eau ;
- la mise en place de systèmes d'irrigation dans des régions agricoles précédemment non irriguées, pour prévenir le manque d'eau ;
- des modifications au niveau des rotations des cultures afin d'intégrer des cultures moins exposées et/ou moins sensibles aux déficits hydriques ou aux sécheresses, etc.
- modification des pratiques agricoles, telles que l'adoption de façons culturales anti-érosives et de l'agrosylviculture.

S'agissant de l'élevage, les mesures d'adaptation peuvent se rapporter à la production d'aliments du bétail, aux besoins en eau des animaux d'élevage et à la santé animale (stress et maladies liés à la chaleur). Dans les paragraphes qui suivent, les principales options d'adaptation sont présentées successivement en mettant l'accent sur la production végétale. Les options d'adaptation relatives à la production végétale et à l'élevage sont étroitement interdépendantes, puisque l'élevage et la production d'aliments du bétail dépendent des ressources en eau et de la qualité de l'eau.

Variétés résistantes à la sécheresse

La résistance à la sécheresse constitue un enjeu majeur de l'adaptation des espèces cultivées au changement climatique. Même s'il est probable que la sélection végétale répondra à l'évolution du climat, il est difficile d'estimer dans quelle mesure ces adaptations permettront d'atténuer les dommages. Leur résultat déprendra également beaucoup du degré de réchauffement et de l'évolution incertaine des régimes pluviométriques.

La tolérance à la chaleur et à la sécheresse est généralement obtenue au détriment du potentiel de rendement des cultures. Par exemple, un mécanisme introduit dans certaines variétés de maïs permet aux stomates de la plante de se fermer lorsque le déficit hygrométrique et l'évapotranspiration augmentent (Sinclair et Muchow, 2001). Ce mécanisme a l'avantage de préserver l'humidité du sol et de réduire les probabilités de stress hydrique intense en période de sécheresse. En contrepartie, la photosynthèse s'interrompt lorsque les stomates se ferment, ce qui réduit le potentiel de rendement. De telles variétés peuvent améliorer le rendement dans des environnements soumis à un stress hydrique, mais l'arbitrage entre les avantages et les inconvénients est délicat.

Une autre technique courante permettant d'adapter les plantes à des climats particuliers consiste à jouer sur leur vitesse de maturation. Ainsi, à mesure que la période de végétation s'allonge, sous l'effet du changement climatique, il pourrait être avantageux de sélectionner des plantes nécessitant davantage de temps pour arriver à maturité, ce qui leur permettrait d'absorber et de convertir la lumière du soleil en croissance et en rendement. Ces variétés peuvent toutefois se révéler plus sensibles aux chaleurs extrêmes et à la sécheresse. Par exemple, dans les États du sud des États-Unis, en dépit d'une saison de végétation généralement longue, les plantes sont sélectionnées de manière à ce que leur vitesse de maturation soit plus courte afin que la pleine maturité soit atteinte avant les chaleurs de la fin de l'été et avant que la sécheresse n'endommage la plante.

Des variétés transgéniques récemment mises au point peuvent améliorer la tolérance à la sécheresse grâce à des racines plus profondes, capables de mieux absorber l'eau dans le sol. Les données empiriques sur la capacité effective de ces variétés d'améliorer la tolérance à la sécheresse sont limitées, principalement du fait de leur caractère relativement nouveau et parce que jusqu'à très récemment, les conditions météorologiques étaient tempérées. En outre, une telle modification des systèmes radiculaires pourrait, en permettant aux plantes d'absorber davantage d'eau, exercer une pression plus importante sur des réserves d'eau déjà peu abondantes.

Modification des dates de semis

Les dates de semis peuvent être avancées afin de tirer parti de périodes de végétation plus longues et de cultures sélectionnées pour leur vitesse de maturation plus lente. Une date de semis plus précoce pourrait avancer la période cruciale de la floraison, permettant ainsi de limiter l'exposition des cultures aux grandes chaleurs estivales. Certains éléments prouvent que la modification de la date des semis pourrait atténuer les dégâts causés par les chaleurs extrêmes (Ortiz-Bobea et Just, 2012 ; Berry et al., 2012 ; Butler et Huybers, 2013). Le **tableau 2.1** donne un aperçu des économies potentiellement réalisables, dans le cas des États-Unis. Ces dernières se chiffreraient en dizaines ou centaines de millions USD selon les États.

Toutefois, des défis et des impondérables demeurent. Ainsi, certains agriculteurs américains ont pu constater, en 2012, que le maïs qu'ils avaient semé précocement avait gravement souffert des grandes chaleurs estivales, qui étaient survenues au cours d'une période particulièrement critique pour cette plante (Berry et al., 2012). De plus, le recours à cette méthode soulève un autre problème : cette dernière serait principalement appliquée aux cultures pollinisées par le vent et pourrait ne pas fonctionner sur les variétés pollinisées par les insectes. En effet, la modification des époques de semis pourrait induire un décalage avec la période d'activité des pollinisateurs. Ces problèmes nécessitent des recherches constantes ainsi qu'un apprentissage pratique afin d'évaluer les possibilités d'atténuer les dégâts causés par les chaleurs extrêmes en ajustant les époques de maturité et de semis.

Tableau 2.1. Conséquences d'un réchauffement uniforme de 2.8 C sur le rendement des cultures de maïs et sur les dates de semis, modifiées à des fins d'adaptation

	Sans modification des dates de semis (%)/(boisseau /acre)	Avec modification des dates de semis (%)/(boisseau/ acre)	Atténuation des conséquences obtenue grâce aux mesures d'adaptation (%)	Décalage optimal de la date de semis (jours)	Économies réalisées grâce aux mesures d'adaptation (millions USD au cours de 2010)
Illinois	-34.7/-47.3	-21.9/-29.9	36.9	-16	1 371
Indiana	-26.8/-35.3	-14.9/-19.6	44.4	-18	405
Iowa	-27.1/-37.2	-18.0/-24.7	33.6	-14	848
Michigan	-19.2/-21.6	-6.6/-7.5	65.3	-18	168
Minnesota	-20.6/-26.8	-11.2/-14.6	45.5	-14	330
Ohio	-21.4/-27.0	-10.4/-13.1	51.4	-17	116
Pennsylvanie	-23.9/-24.7	-7.0/-7.2	70.6	-20	61
Wisconsin	-17.3/-20.8	-7.4/-8.9	56.8	-15	102
Totalité de l'échantillon	-26.3/-34.4	-14.0/-18.5	44.1	-15.8	3 401

Source : Ortiz-Bobea, A. et R.E. Just (2012), "Modeling the structure of adaptation in climate change impact assessment", *American Journal of Agricultural Economics*, publié en ligne.

Irrigation

Comme l'explique le chapitre 1 du présent rapport, le changement climatique pourrait faire augmenter les besoins en eau des cultures dans plusieurs régions du monde et partant, la demande d'eau d'irrigation des agriculteurs. De même, des sécheresses plus fréquentes et plus graves pourraient inciter les exploitants à réaliser des investissements visant à sécuriser leur accès aux ressources hydriques, de manière à atténuer les pertes de rendement en cas de précipitations insuffisantes. Fleischer et Kurukulasuriya (2012) insistent sur les interactions entre l'irrigation, comme stratégie d'adaptation des exploitations agricoles, et les techniques de culture dans le cas de l'**Afrique** et d'**Israël**.

Cependant, les possibilités offertes par l'irrigation en tant que stratégie d'adaptation au niveau des exploitations dépendent de la disponibilité des ressources en eau, qui pourrait reculer en raison du changement climatique et de l'intensification de la concurrence entre les différents usagers. De nombreuses régions actuellement très irriguées pourraient ainsi voir leurs réserves d'eau d'irrigation s'amoindrir considérablement. Les régions recourant le plus à l'irrigation, comme la Vallée centrale de **Californie**, dépendent de l'eau fournie par les rivières et les canaux faisant partie d'un réseau de lacs artificiels qui captent approximativement 50 % du volume total des précipitations enregistrées dans cet État. La couverture neigeuse de la Sierra Nevada constitue également une réserve d'eau naturelle, qui pourrait être entamée par une fonte des neiges plus précoce au printemps, sous l'effet du changement climatique. Des problèmes analogues pourraient survenir dans les autres parties du monde utilisant l'eau issue de la fonte des neiges et des glaciers afin d'irriguer leurs cultures (Barnett et al., 2005). Dans de nombreuses régions, les réserves d'eau superficielle ou souterraine s'amenuisent peu à peu, en raison notamment de la croissance démographique rapide, de la modification de l'utilisation des sols, de problèmes liés aux ressources communes et des aides financières octroyées pour le captage, le stockage et la distribution de l'eau.

En général, l'amélioration des systèmes d'irrigation, les pratiques de gestion des terres consistant à préparer les champs pour permettre une irrigation efficace et à gérer les excédents d'eau, et, dans une moindre mesure, la réaffectation des terres agricoles peuvent se traduire par des gains substantiels en termes de rendement hydraulique.

Réorganisation des cultures et création de nouvelles zones de cultures

Comme il a été présenté précédemment, il est probable que le choix des variétés cultivées change parallèlement à l'évolution des conditions de culture. Des travaux empiriques préliminaires ont été entrepris pour tenter d'évaluer les choix de culture en fonction du climat et du changement climatique (voir notamment Seo et Mendelsohn, 2008). Dans l'hémisphère Nord, et plus particulièrement au nord de l'Eurasie, de nouvelles superficies cultivables pourraient être utilisées afin de compenser les pertes subies dans les régions plus chaudes. Ce sujet nécessite des recherches plus approfondies associées à l'étude de modèles d'équilibre partiels et généraux pour tenir compte simultanément du prix et des choix de cultures. En effet, la plupart des modèles informatiques élaborés à ce jour ne tiennent généralement pas compte de l'évolution des superficies cultivées, ou font apparaître les pertes possibles mais pas les gains potentiels (Nelson, 2009).

Réunir les pratiques agricoles au sein d'une approche agronomique globale

Les solutions d'adaptation envisageables par les exploitations agricoles qui ont été présentées ci-dessus peuvent présenter d'importantes différences en termes de coûts et d'avantages. Ainsi, la modification des dates de semis est généralement considérée comme une option peu coûteuse. En revanche, la mise en place de dispositifs pour irriguer des cultures initialement pluviales nécessite généralement d'importants investissements d'infrastructures. Toutefois, l'évaluation des coûts et avantages des stratégies d'adaptation dans le domaine agricole est un exercice délicat, qui requiert de comprendre et de définir les relations entre les pratiques de gestion agricole, les variables météorologiques et la production. L'adaptation des exploitations au changement climatique ne peut se limiter à l'adoption isolée d'une seule et unique technique, mais exigera de la part des agriculteurs de repenser de façon cohérente et globale leurs systèmes de production et la manière dont leurs différents composants interagissent. Il existe bien plus de possibilités techniques que celles examinées ci-dessus et encore plus de combinaisons de pratiques de gestion agricole.

Par exemple, une étude récemment menée par Brisson et al. (2010) a tenté de démêler les différents facteurs expliquant la stagnation de la production de blé au cours des dernières décennies à l'aide de trois outils : les statistiques nationales et régionales, les tests isolés, et les résultats de modèles agro-climatiques utilisant des données climatiques. Les conclusions de cette étude tendent à démontrer qu'au cours des récentes décennies, les progrès génétiques se sont accrus, mais ce facteur positif a été contrebalancé par des conditions climatiques de plus en plus défavorables aux cultures. Toujours selon cette étude, les modifications des pratiques de gestion agricoles jouent également un rôle, qui est toutefois moins important que celui de l'amélioration génétique et du climat.

D'autres travaux d'Ortiz-Orbea et Just (2012) et d'Ortiz-Orbea (2012) insistent sur l'importance de recourir à une approche agronomique intégrée pour évaluer les coûts et les avantages des différentes mesures d'adaptation possibles, en tenant compte des rôles relatifs de la température et de l'humidité du sol dans l'explication statistique des rendements et en considérant les étapes phénologiques fondamentales du développement végétatif, telles que la floraison. En effet, si la plante manque d'eau à cette étape de son développement, on peut s'attendre à d'importantes pertes de rendement, même si les apports en eau ont été suffisants le reste du temps. Le choix d'approches plus intégrées pour évaluer les possibilités d'adaptation au niveau du secteur agricole permet de conjuguer des modèles agronomiques de production, des modèles intégrés de bassins versants et des modèles économiques afin d'obtenir une évaluation générale des options d'adaptation.

Encadré 2.3. Adaptation des exploitations agricoles américaines au changement climatique

Malcolm et al. (2012) analyse de quelle façon les cultivateurs américains s'adapteront au changement climatique et comment les éventuelles pressions exercées par les ravageurs et les technologies émergentes (cultures résistantes à la sécheresse notamment), peuvent modifier les retombées bénéfiques de l'adaptation. Les variétés résistantes à la sécheresse permettent de maintenir les rendements en cas de précipitations plus faibles que prévu et partant, de réduire les pertes dues au changement climatique dans les régions enregistrant de faibles précipitations.

L'étude a utilisé des projections climatiques à petite échelle provenant de quatre modèles de circulation générale, eux-mêmes fondés sur le scénario d'émission n° A1B du Rapport spécial sur les scénarios d'émissions (*Special Report on Emission Scenarios* – SRES) du Groupe d'experts intergouvernemental sur l'évolution du climat (GIEC). Le modèle EPIC (*Environmental Productivity and Integrated Climate*) a quant à lui permis d'analyser l'impact de chaque scénario climatique sur les rendements des cultures, tandis que le modèle REAP (*Regional Environment and Agriculture Programming*) a servi à évaluer les modifications des modes de production régionaux et des indicateurs de qualité environnementale induites par le changement climatique (conjointement aux résultats du modèle EPIC).

L'étude s'est intéressée plus particulièrement aux conséquences, du point de vue des rendements, de l'augmentation des températures moyennes, des modifications régionales des précipitations moyennes, de l'effet CO_2, de l'incidence accrue des ravageurs et de l'évolution des prix des produits de base. Cependant, elle ne s'est intéressée ni à l'impact des phénomènes météorologiques extrêmes, ni aux possibilités d'étendre les superficies irriguées.

Les répercussions du changement climatique varient considérablement selon les régions, en raison notamment des modifications de la direction et de l'ampleur des précipitations. Les agriculteurs peuvent limiter ces effets en cultivant d'autres variétés et en modifiant leur système de rotation ainsi que leurs pratiques de production. De plus, la redistribution de la production entre les régions permet d'atténuer les conséquences sur les marchés nationaux des produits de base.

La modification des superficies cultivées résultant de l'adaptation des exploitants est relativement faible à l'échelle nationale (de 0.2 à 1 %) mais peut être plus marquée à l'échelle régionale. Les mesures d'adaptation permettent de freiner les hausses de prix de la plupart des produits de base, à l'exception du maïs et du soja dont le prix progresse du fait de rendements nationaux plus faibles. En fonction des scénarios de changement climatique, l'effet sur les bénéfices nets des cultivateurs devrait se situer dans une fourchette comprise entre une hausse de 3.6 milliards USD et une baisse 1.5 milliard USD. Les dégâts causés par les ravageurs pourraient quant à eux entraîner une baisse des bénéfices nets comprise entre 1.5 milliard et 3 milliards USD. L'impact du changement climatique sur le prix des produits de base est extrêmement variable, puisqu'on observe une baisse pour le blé et une hausse possible pour le soja (de -4 à 22 %) et le maïs (de -2 à 6 %), selon les scénarios climatiques. Pour ce qui est des effets sur l'environnement, on pense que l'extension des terres cultivées engendrera une augmentation de 1.4 à 5 % des rejets d'azote et que l'érosion des sols connaîtra des variations comprises entre -0.9 et 1.2 %.

L'introduction de variétés résistantes à la sécheresse fait augmenter les rendements de 10 à15 % dans les régions plus arides mais non irriguées et entraîne un recul de la superficie totale cultivée quel que soit le scénario climatique considéré, une hausse des recettes à l'échelle nationale et dans les régions où sont cultivées ces variétés, ainsi qu'une baisse des prix du maïs, du soja, du blé et du coton.

Source : Malcom, S., E. Marshall, M. Aillery, P. Heisey, M. Livingston, et K. Day-Rubenstein (2012), "Agricultural Adaptation to a Changing Climate – Economic and Environmental Implications Vary by US Region", ERR-136, U.S. Department of Agriculture, Economic Research Service, July 2012.

Ces dernières années, plusieurs pays de l'OCDE ont entrepris des études de synthèse pour évaluer les impacts du changement climatique dans les principaux secteurs de leur économie, dont l'agriculture. Cette démarche a été suivie notamment par l'**Union européenne**, avec sa publication intitulée *Climate Change, impacts and vulnerability in Europe 2012* (AEE, 2012) et les États-Unis, qui ont publié une étude spécifiquement consacrée au secteur agricole (l'**encadré 2.3** en récapitule les principaux résultats). Le modèle IMPACT constitue un autre exemple d'approche intégrée. Ce dernier étudie l'incidence du changement climatique sur l'eau et l'agriculture pluviale et irriguée à l'échelle mondiale, et permet d'analyser le rôle des options d'adaptation telles que l'amélioration du rendement hydraulique et le développement des systèmes d'irrigation (**encadré 2.4**). Ce type de méthode a pour principal avantage de tenir compte de l'offre et de la demande de nourriture et d'eau, qui peuvent être influencées par les solutions d'adaptation et par conséquent avoir des répercussions sur leurs coûts et leurs avantages.

Déficit d'informations et imprévus : ravageurs, maladies et espèces adventices, pollinisateurs, etc.

Malgré les efforts déployés pour évaluer les coûts et les avantages des solutions d'adaptation dans le domaine de la gestion de l'eau agricole, il faut reconnaître que le caractère parfois incomplet des informations disponibles peut altérer la qualité des résultats. L'influence des ravageurs, des maladies et des plantes adventices, dont les cycles biologiques dépendent fortement des conditions météorologiques, et plus particulièrement de paramètres tels que les précipitations, l'humidité, etc., constitue probablement un exemple important de déficit d'informations dans les domaines de l'eau et de l'agriculture. En effet, d'un point de vue agronomique, un champ cultivé peut être perçu comme un milieu dans lequel plusieurs espèces se disputent les ressources disponibles. Ainsi, si des changements au niveau du cycle de l'eau ont des répercussions sur la croissance des cultures, ils en ont également sur les conditions de développement des ravageurs, des maladies et des adventices. De quelle manière le changement climatique va-t-il influencer la concurrence relative entre les cultures et les plantes adventices ? Quelles pratiques de gestion agricoles pourront aider les systèmes de cultures à s'adapter à ce nouvel équilibre ? Les publications évoquent peu ces impacts sur la production végétale, mais on sait que les ravageurs et les maladies sont d'ores et déjà responsables de pertes de rendement élevées — on estime en effet que les ravageurs, les organismes pathogènes et les plantes adventices entraînent respectivement 18, 16 et 34 % de pertes de rendement (Walthall et al., 2012). Il importe, pour analyser correctement l'impact du changement climatique, de ne pas perdre de vue que le fonctionnement du champ cultivé repose sur une forme de concurrence entre plusieurs organismes, et que la totalité d'entre eux sera touchée par les modifications des variables météorologiques dues au changement climatique.

Politiques publiques encourageant l'adaptation de la gestion de l'eau au niveau des exploitations agricoles

La plupart des stratégies d'adaptation présentées ci-dessus peuvent être considérées comme des décisions de production privées, lesquelles ne nécessitent pas d'intervention publique particulière. Toutefois, dans certains cas, l'État peut être amené à prendre des mesures afin d'encourager les exploitations agricoles à adopter ces stratégies.

En premier lieu, le coût du changement nécessaire à ces ajustements peut être élevé. Dans certaines régions, les impacts du changement climatique sur le cycle de l'eau et d'autres variables météorologiques pourraient être tels que les exploitants devront entièrement repenser leurs systèmes de production (voire parfois se délocaliser ou quitter le secteur). Dans ce cas, les agriculteurs ne pourront pas toujours supporter le coût financier de ces opérations. Le rôle des politiques publiques va donc être de lisser les coûts engendrés par ces profonds ajustements structurels, tout en veillant à ce que les nouvelles utilisations des terres restent compatibles avec les objectifs environnementaux. Les politiques de R-D, et plus généralement les systèmes d'innovation, pourraient eux aussi favoriser ce processus d'adaptation. Par exemple, les exploitations incapables de s'adapter pour des raisons financières pourraient bénéficier de fonds d'adaptation ciblés ou d'aides temporaires pour financer des changements techniques, ce qui permettrait d'éviter que des exploitations restent prisonnières de systèmes de production inadaptés. Ces interventions doivent être limitées dans le temps et bien ciblées de manière à éviter tout effet de distorsion sur les systèmes et les choix de production.

Encadré 2.4. Méthode de modélisation IMPACT

La méthode de modélisation IMPACT fait appel à plusieurs modules, dont un modèle hydrologique, un modèle hydrique et un modèle économique du GTAP (*Global Trade Analysis Project*) afin de simuler les impacts de différents scénarios climatiques sur l'offre et la demande d'eau, les cultures pluviales et irriguées, le prix des denrées alimentaires, les échanges commerciaux, la population, les stocks de capital et de main d'œuvre, et la productivité du travail (**graphique 2.2**). Cette méthode de modélisation intégrée a été récemment appliquée au cas de l'Afrique subsaharienne et a permis d'analyser des scénarios prévoyant par exemple une extension des zones irriguées et une hausse de la productivité agricole.

Graphique 2.2. Structure du modèle IMPACT

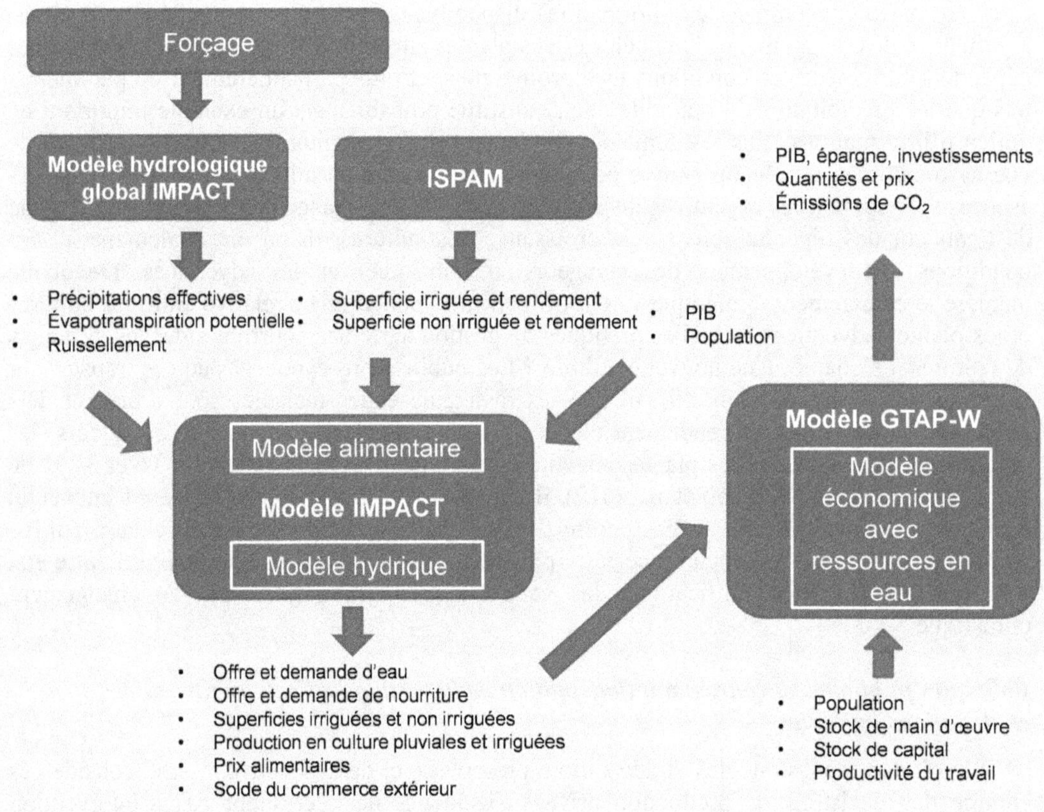

Source : Calzadilla A., T. Zhu, K. Rehdanz, R.S.J. Tol et C. Ringler (2012), "Economy-wide Impacts of Climate Change on Agriculture – Case Study for Adaptation Strategies in Sub-Saharan Africa", *in* A. Dinar and R. Mendelsohn (Ed.), *Handbook on Climate Change and Agriculture,* Edward Elgar Publishing, Cheltenham, Royaume-Uni.

Lorsque les impacts du changement climatique ne pèsent pas trop lourdement sur les exploitations, ou qu'ils peuvent être gérés au prix de quelques ajustements des pratiques de gestion agricole, les pouvoirs publics peuvent aussi avoir un rôle à jouer pour créer un environnement favorable à l'adaptation. Ils pourront pour ce faire diffuser des informations, fournir une aide technique et promouvoir la mise en commun des meilleures pratiques d'adaptation. Leur action pourra encourager les agriculteurs opposés à la prise de risque à se tourner vers de nouveaux systèmes de cultures et d'élevage dont les résultats sont incertains. L'intervention de l'État peut aussi se justifier par des arguments d'économie comportementale qui insistent sur l'importance des incitations non financières dans la prise de décision, et sur le rapport coût-efficacité potentiellement élevé des petits « coups de pouce » (voir OCDE, 2012 pour une étude récente au niveau du secteur agricole). De manière plus générale, la sensibilisation, la formation et l'investissement dans les compétences devraient constituer le socle de toute stratégie d'adaptation gagnante au niveau des exploitations, aussi bien pour les ajustements profonds ou marginaux.

Si les pouvoirs publics misent sur l'éducation, l'innovation et le soutien technique pour promouvoir l'adaptation des exploitations agricoles, il leur faudra veiller aux conséquences environnementales de leur action, de sorte que les incitations privées et sociales soient compatibles au maximum. Ce sujet est abordé dans la section suivante, consacrée aux politiques de gestion de l'eau dans le domaine de l'adaptation au niveau des bassins versants.

Politiques de gestion de l'eau en faveur de l'adaptation au niveau des bassins versants

Dans les pays de l'OCDE, la majeure partie des prélèvements d'eau douce, 44 % en moyenne, est à mettre au compte du secteur agricole, lequel est également source d'externalités environnementales (pollution par les éléments nutritifs, pesticides et érosion des sols) affectant les hydrosystèmes (OCDE, 2010a ; OCDE, 2012b ; OCDE, 2013b). Cet état de fait a d'importantes conséquences pour l'adaptation de ces systèmes au niveau des bassins versants, aussi bien du point de vue de la répartition de l'eau entre le secteur agricole et les autres usagers que de celui des externalités environnementales. L'eau possède souvent les caractéristiques d'une ressource commune aussi les stratégies d'adaptation de la gestion de l'eau dans le domaine de l'agriculture auront-elles des répercussions sur les autres usagers. En outre, les pratiques de gestion de l'eau peuvent agir sur les risques d'inondation dans certains bassins versants, les terres agricoles pouvant jouer le rôle de voie de passage pour l'écoulement de l'eau, ou au contraire de récepteur en période de crue. En raison de cette forte interdépendance entre l'agriculture et les autres secteurs et utilisateurs liés par l'hydrosystème, l'adaptation de la gestion de l'eau agricole revêt une dimension collective et ne se peut se limiter à une problématique privée circonscrite au niveau de l'exploitation.

Indépendamment de la question climatique, les politiques de l'eau actuellement en vigueur dans le secteur agricole comprennent un ensemble de réglementations et d'outils économiques tels que la tarification de l'eau, les échanges de quotas et les règles collectives d'utilisation de l'eau (OCDE, 2010a). Les problématiques du changement climatique et de l'adaptation soulèvent une nouvelle question : les dispositions ou les systèmes actuels seront-ils en mesure de faire face à la variabilité des conditions climatiques ? En d'autres termes, quelles sont les stratégies les plus efficaces pour rendre les systèmes de gestion de l'eau plus sensibles aux évolutions climatiques, qu'il s'agisse de la variation moyenne des conditions climatiques ou du risque accru de phénomènes extrêmes, tels que les inondations et les sècheresses ?

Tableau 2.2. Typologie des répercussions du changement climatique sur la gestion de l'eau dans les principaux systèmes agricoles

<table>
<tr><th>Système</th><th>État actuel</th><th>Déterminants du changement climatique</th><th>Réponses possibles</th></tr>
<tr><td colspan="4">RÉGIONS ALIMENTÉES PAR LES EAUX DE FONTE DES NEIGES</td></tr>
<tr><td>Bassin de l'Indus</td><td>Région très développée dans laquelle l'eau commence à se faire rare. Contraintes liées aux sédiments et à la salinité</td><td rowspan="3">Augmentation des flux pendant 20 ans, suivie d'un recul notable des eaux superficielles et de la recharge des nappes souterraines. Fluctuation saisonnière du ruissellement et des débits de pointe. Accroissement des inondations et de la salinité.</td><td rowspan="3">Amélioration du stockage et du drainage de l'eau ; meilleure exploitation des retenues d'eau
Modification des cultures et de l'utilisation des terres ; amélioration de la gestion des sols</td></tr>
<tr><td>Chine septentrionale</td><td>Graves pénuries d'eau et productivité élevée</td></tr>
<tr><td>Colorado</td><td>Pénurie d'eau et salinité</td></tr>
<tr><td colspan="4">RÉGIONS TROPICALES HUMIDES</td></tr>
<tr><td>Riziculture : Chine méridionale</td><td>Utilisation combinée des eaux superficielles et souterraines</td><td rowspan="2">Augmentation du volume et de la variabilité des précipitations, se traduisant par des sècheresses et des inondations plus fréquentes</td><td rowspan="2">Stockage plus important en vue des deuxième et troisième saisons de culture ; assurances contre la sécheresse et les inondations ; diversification des cultures</td></tr>
<tr><td>Riziculture : Australie septentrionale</td><td>Écologie fragile</td></tr>
<tr><td colspan="4">RÉGIONS TEMPÉRÉES</td></tr>
<tr><td>Europe du Nord</td><td>Cultures de haute valeur et pâturages</td><td>Précipitations plus abondantes ; périodes végétatives plus longues ; productivité accrue</td><td>Possibilité de développer de nouvelles cultures
Développement du stockage ; drainage</td></tr>
<tr><td>Amérique du Nord</td><td>Cultures céréalières ; irrigation recourant aux eaux souterraines</td><td>Réduction du ruissellement ; stress hydrique accru</td><td>Productivité accrue
Peu de possibilités de stockage</td></tr>
<tr><td colspan="4">RÉGIONS MÉDITERRANÉENNES</td></tr>
<tr><td>Europe méridionale (Italie, Grèce, Espagne)</td><td>Problèmes de rareté et de pénurie d'eau</td><td rowspan="2">Réduction significative des précipitations et hausse des températures ; stress hydrique accru ; réduction du ruissellement</td><td>Irrigation localisée ; transfert vers d'autres secteurs</td></tr>
<tr><td>Afrique du Nord</td><td>Importantes pénuries d'eau</td><td>Irrigation localisée ; utilisation des eaux souterraines</td></tr>
</table>

Source : adapté de FAO (2011), *Climate change, water and food security*, FAO Water Report No. 36.

Les défis à relever et les priorités peuvent varier selon les pays et la situation des régions. Une étude récente de la FAO (2011) a inventorié, pour les différentes régions du monde, les conséquences prévues du changement climatique sur la gestion de l'eau pour les principaux systèmes agricoles ainsi que les vulnérabilités en jeu et les solutions possibles. Le **tableau 2.2** propose une synthèse de cette analyse.

L'adaptation de la gestion de l'eau au changement climatique nécessite d'adresser aux usagers des signaux adéquats pour gérer la rareté. En pratique, ces signaux peuvent prendre différentes formes. Il peut s'agir de contraintes réglementaires, telles que l'obligation de limiter les prélèvements d'eau douce en période de sécheresse ou leur interdiction, ou de l'attribution d'un volume maximal d'eau à utiliser pendant la totalité de la période de végétation. Les pouvoirs publics peuvent recourir à d'autres mesures fondées sur des instruments économiques, tels que la tarification et l'échange de droits sur l'eau. Dans ce cas précis, le prix constitue un indicateur de la rareté de l'eau. Les outils économiques sont réputés pour leurs avantages en termes d'efficacité. En pratique, il est toutefois difficile de soumettre l'utilisation de l'eau à des droits de propriété précis, en raison de la nature particulière de ce bien. Cette ressource se caractérise en effet par sa mobilité et par des interactions hydrologiques généralement complexes entre les milieux aqueux (OCDE, 2010a).

L'adaptation au changement climatique n'est pas l'objectif premier de la tarification et des marchés de l'eau qui ont pour vocation d'assurer une répartition plus efficiente de l'eau. Cependant, les instruments économiques, parce qu'ils sont souples et décentralisés, peuvent également être intéressants dans un environnement climatique changeant et incertain. Dans ce contexte, il est important de distinguer deux catégories de mesures incitatives :

- ***les incitations à court terme***, qui rendent compte du coût de rareté de l'eau au cours de la saison végétative ;
- ***les incitations à moyen et long terme,*** qui reflètent le coût *moyen* réel de la rareté de l'eau dans un avenir proche et à long terme.

Incitation à court terme visant à réaffecter les ressources en eau lors de la période de végétation — Si les investissements liés à l'efficience d'utilisation de l'eau sont réalisés dans une optique de long terme, la question de la répartition de l'eau constitue également un aspect fondamental de l'adaptation, puisque le changement climatique devrait accroître la fréquence et la gravité des phénomènes météorologiques extrêmes. En période de sécheresse, la valeur marginale de l'eau devient élevée pour les exploitations agricoles recourant à l'irrigation. Les agriculteurs peuvent donc affecter l'eau en priorité aux cultures les plus rentables. Si la valeur marginale de l'eau diffère selon les exploitants, des échanges de droits à postériori permettent de réaffecter les ressources en eau afin d'en faire l'utilisation la plus efficace possible, ce qui peut atténuer les pertes économiques totales résultant des pénuries d'eau et accroître ainsi le bien-être social.

L'adaptation structurelle nécessite des incitations permanentes et à long terme — L'envoi d'un signal de prix adéquat reflétant la situation des disponibilités en eau pour les usagers peut être perçu comme une mesure sans regret, puisqu'il s'agit d'améliorer l'efficacité de la gestion de l'eau. S'agissant de l'adaptation, le simple envoi d'un signal témoignant de la rareté de l'eau à un moment donné n'est pas suffisant. Les décisions relatives à l'irrigation, à l'efficience d'utilisation de l'eau, à la modification de la rotation des cultures et aux systèmes de cultures impliquent, dans la plupart des cas, des investissements à moyen ou long terme, déterminés par les prévisions des agriculteurs quant aux conditions économiques et climatiques futures. Par exemple, si les droits d'eau des exploitants sont adaptés aux disponibilités en eau actuelles mais dissociés de la quantité totale d'eau douce disponible, les attentes des exploitants ne tiendront pas compte du risque d'aggravation de la rareté de l'eau.

La flexibilité caractérisant l'attribution des droits sur l'eau est importante au regard de l'adaptation. En effet, le changement climatique étant un processus continu, les systèmes de gestion de l'eau doivent être en mesure de s'adapter continuellement à de nouvelles conditions climatiques. Luo et al. (2010) proposent un exemple d'évaluation des avantages potentiels des marchés de l'eau dans le contexte du changement climatique. Ces auteurs ont modélisé un système d'échange de droits sur l'eau au niveau du bassin versant **canadien** de Swift Current, grâce auquel ils démontrent que les marchés de l'eau permettent de réduire de manière significative les prélèvements d'eau sans pour autant faire baisser les recettes des exploitations agricoles, bien que ces dernières soient largement tributaires des conditions climatiques prévues, et notamment de la fréquence des sécheresses. Les **États-Unis** constituent un second exemple : en 2011, Libecap a montré que l'échange de droits d'eau entre les exploitants générait de gains financiers conséquents, lesquels étaient encore plus élevés dans le cas d'échanges entre le secteur agricole et les usagers urbains.

En dépit de l'intérêt que présentent les instruments économiques, grâce à leur souplesse et leurs effets incitatifs, pour favoriser l'adaptation, il importe de conserver une stratégie globale et de ne pas perdre de vue la complexité de la gestion de l'eau. Dans le monde, l'Australie et les États-Unis constituent les deux principaux exemples de pays à avoir instauré un marché de l'eau. Ce dispositif demeure néanmoins très peu employé, pour plusieurs raisons (voir l'**encadré 2.5**, tiré d'OCDE, 2010a). Les marchés de l'eau nécessitent également une bonne identification des droits de l'eau pré-existants, une détermination précise des volumes qui peuvent être prélevés, et ne peuvent donc pas régler à eux seuls les problèmes de sur-allocation. Ces limites considérées toutes ensemble pourraient expliquer dans une certaine mesure un certain degré d'inertie institutionnelle des règles de gestion de l'eau (Libecap, 2011), qui constitue lui-même un problème important pour l'adaptation de la gestion de l'eau au changement climatique. L'**encadré 2.6** présente quant à lui les rôles relatifs des incitations à court et long terme dans les cas de l'Australie et de la France.

Encadré 2.5. Obstacles à l'établissement de marchés de l'eau

- Insuffisance des connaissances scientifiques sur les liens entre les ressources en eau et les écosystèmes ;
- manque d'interconnexions physiques entre les différents réseaux de distribution d'eau à l'agriculture, aux villes, à l'industrie et aux autres usagers ;
- incertitudes sur le niveau de l'offre et de la demande d'eau à tel ou tel moment dans le futur ;
- droits de propriété mal définis et problèmes de délimitation entre droits d'eau et droits fonciers ;
- définition, préservation et approbation par les parties prenantes de la quantité d'eau nécessaire pour maintenir les fonctions environnementales dans un bassin ;
- coûts de transaction élevés de la création de marchés de l'eau ;
- problèmes d'équité : les marchés de l'eau semblent souvent ignorer les pauvres et obéir principalement au souci de l'efficience économique au détriment des considérations environnementales et sociales ;
- dans de nombreux cas, impossibilité pour les irrigants d'échanger leurs droits d'eau avec d'autres usagers, puisqu'aucun marché ne permet de le faire.

Source : OCDE (2010a), *Gestion durable des ressources en eau dans le secteur agricole*, Études de l'OCDE sur l'eau, Éditions OCDE. doi: http://dx.doi.org/10.1787/9789264083592-fr.

Encadré 2.6. Deux exemples de mécanismes flexibles de réaffectation

Gestion volumétrique des ressources en eau en France

En France, la tarification de l'eau d'irrigation couvre principalement les coûts d'exploitation et de maintenance ainsi que les investissements liés aux infrastructures d'irrigation. En revanche, elle ne reflète pas le coût de la rareté de l'eau (OCDE, 2010a). Les irrigants doivent verser une redevance à l'agence de l'eau du bassin hydrographique dont ils dépendent. Cette dernière peut varier selon les régions ou les techniques d'irrigation employées, mais son montant moyen est généralement considéré comme trop faible pour inciter les irrigants à réduire leur demande d'eau (Lefebvre et Thoyer, 2012, Erdlenbruch et al., 2013). Ces redevances sont utilisées à des fins de financement d'actions d'accompagnement pour des projets dans le domaine de l'eau.

La gestion volumétrique est un exemple de méthode de gestion de la quantité d'eau pour les pénuries d'eau structurelles et à court terme, qui est appliquée dans certains bassins hydrographiques français comme la Charente et la Beauce, et qui consiste à attribuer à chaque agriculteur un droit de prélèvement d'eau maximum exprimé en volume, pour la totalité de la période d'irrigation. Ce volume total d'eau est ensuite accordé pour une période donnée, généralement sur une base hebdomadaire ou de dix jours. Les exploitations sont équipées d'un appareil de mesure indiquant le volume d'eau consommé et la police de l'eau peut procéder à des contrôles aléatoires au terme de chaque période (Lefebvre et Thoyer, 2012). La législation sur l'eau de 2006 introduit la possibilité d'émettre des autorisations de prélèvements d'eau à un organisme unique responsable de l'allocation entre irrigants chaque année. Dans les zones de déficit hydrique structurel, le Préfet, représentant de l'État au niveau régional ou départemental, peut rendre obligatoire la création de tels organismes uniques. Dans ces zones, l'organisme unique remplacera dès 2015 le système actuel fondé sur des autorisations de prélèvements individuelles. Les effets attendus de cette évolution sont d'améliorer les incitations à une gestion responsable de la ressource par les irrigants, d'encourager un partage équitable de l'eau et de stimuler les approches locales et collectives de la gestion de l'eau.

En période de pénurie d'eau, des règles particulières de réallocation s'appliquent. Les disponibilités en eau sont mesurées régulièrement par les antennes régionales des ministères de l'Environnement et de l'Agriculture français. Le débit des cours d'eau ou le niveau des eaux souterraines est quant à lui mesuré à différents endroits du réseau hydrographique et comparé à des seuils critiques d'alerte prédéfinis, le débit objectif d'étiage (DOE) et le débit de crise (DCR). Lorsque le débit mesuré est supérieur au DOE, alors il n'y pas de restriction à l'irrigation. Si le débit ou le niveau d'eau dépasse le seuil d'alerte prédéfini, alors des restrictions s'appliquent soit par la réduction du volume de référence, ou par l'interdiction d'irriguer pendant un certain nombre de jours de la période hebdomadaire ou de dix jours (Erdlenbruch et al., 2013). Sur la base de cet ensemble de règles prédéfinies, le processus de décision implique les parties prenantes dans le cadre d'un comité sécheresse. Ces différentes règles de restriction sont au demeurant temporaires et peuvent être révisées en fonction de l'évolution de l'état des cours d'eau, afin de garantir un partage équilibré des ressources en eau entre les différents usages tels que l'agriculture, l'industrie, l'eau courante et le débit écologique minimum.

Marchés de l'eau en Australie

Au cours de la dernière décennie, l'Australie a connu de graves et fréquents épisodes de sécheresse, à la suite desquels les politiques de gestion de l'eau ont été réformées en profondeur, en particulier dans le secteur agricole. Chaque année, les agriculteurs reçoivent des quotas de prélèvement d'eau, qui peuvent être révisés en fonction de l'état des réserves d'eau et des précipitations. Il existe deux marchés de l'eau distincts : un marché à long terme et un marché à court terme. Chacun d'eux cible une période spécifique. Ainsi, les marchés à court terme permettent aux agriculteurs d'effectuer des transferts temporaires, ce qui permet de répartir l'eau plus efficacement au cours de la période de végétation, et donc de réduire le coût global de cette ressource pour l'ensemble des exploitants.

Les marchés de l'eau australiens ont pour particularité intéressante de définir les droits individuels comme une part du volume total d'eau disponible sur une période donnée. Ainsi, le système peut s'adapter continuellement et presque automatiquement à l'évolution des conditions météorologiques et hydrologiques au cours de la période de végétation. Les rachats publics permettent de protéger l'intégrité des débits écologiques. Sa seconde caractéristique est de permettre aux agriculteurs d'échanger leurs droits au cours de la saison de végétation. L'association de ces deux dispositifs permet de réduire de façon significative le coût global des sécheresses supporté par l'ensemble du secteur agricole, comme le démontrent Mallawaarachchi et Foster (2009) dans une étude portant sur la pénurie d'eau qu'a connu le pays en 2007-2008.

Comme toute réforme, la mise en place de mesures d'incitation économique dans le domaine de la gestion de l'eau peut entraîner une redistribution des droits sur l'eau déjà alloués — de manière implicite ou explicite — entre les différents usagers. De fait, si cela peut engendrer un gain général d'efficacité sociale, ce nouveau système peut aussi avantager certains utilisateurs au détriment des autres. Libecap (2011) a constaté que dans le cas des États-Unis, l'adaptation au changement climatique était tributaire de la voie institutionnelle, et que cela devait être pris en compte afin de faciliter les réformes des systèmes de gestion de l'eau.

Quand les coûts de transaction freinent le développement d'un marché de l'eau, la gestion peut s'appuyer sur un ensemble *d'accords de partage de l'eau* définis au sein du secteur agricole ou entre les agriculteurs et les autres usagers. Ces accords collectifs de partage de l'eau peuvent être évalués en considérant plusieurs aspects : l'efficacité, l'équité et la solidité face à la variabilité des conditions climatiques. Cette dernière qualité est un élément essentiel de l'adaptation : ces accords de partage demeureront-ils stables en cas d'augmentation de la fréquence des sécheresses ou de la demande d'eau ?

Les évolutions récemment observées dans les pays de l'OCDE sont encourageantes, même si des progrès restent possibles. Les réformes des politiques de l'eau menées au cours des deux dernières décennies ont vu émerger de nouveaux outils réglementaires et économiques, et notamment des systèmes de tarification de l'eau (voir **tableau 2.3**). Ces derniers, même s'ils couvrent rarement le coût de rareté de l'eau, ouvrent déjà la voie d'une meilleure gestion de l'eau agricole. Les informations récemment collectées à l'aide des indicateurs agro-environnementaux de l'OCDE relatifs aux ressources en eau apportent à cet égard des éléments utiles. Dans la zone de l'OCDE, les prélèvements d'eau douce pour l'agriculture ont reculé en moyenne de 0.5 % par an sur les périodes 1998-00 et 2008-10, contre une progression de 0.2 % par an sur les périodes 1990-92 et 1998-00 (OCDE, 2014b). Le **graphique 2.3** présente l'évolution des taux d'utilisation d'eau d'irrigation observée dernièrement dans un ensemble de pays de l'Organisation. On constate que l'irrigation est en recul dans la plupart de ces pays, et que cette évolution s'est accélérée dans les années 2000 par rapport aux années 1990. Ces évolutions ne peuvent bien évidemment pas être imputées au seul changement climatique : la croissance démographique, l'augmentation de la demande d'eau des zones urbaines et la recherche d'un meilleur équilibre entre les utilisations anthropiques et les besoins des écosystèmes ont aussi pesé dans la balance. Quoiqu'il en soit l'adaptation fait partie des avantages au moins connexes de ces évolutions.

Tableau 2.3. Couverture des coûts de l'eau dans le secteur agricole, pays de l'OCDE

		Taux de couverture des coûts d'exploitation et de maintenance	
		Moins de 100 %	100 %
Recouvrement des coûts d'investissement	Moins de 100 %	Espagne, Grèce, Hongrie, Irlande, Italie, Mexique, Pays-Bas, Pologne, Portugal, Suisse, Turquie, Corée	Australie, Canada, États-Unis, France, Japon
	100 %		Autriche, Danemark, Finlande, Nouvelle-Zélande, Royaume-Uni, Suède

Source : OCDE (2010b), *Climate Change and Agriculture: Impacts, Adaptation and Mitigation*, Éditions OCDE. doi: http://dx.doi.org/10.1787/9789264086876-en.

Graphique 2.3. Apports d'eau d'irrigation, pays de l'OCDE : 1990-2010

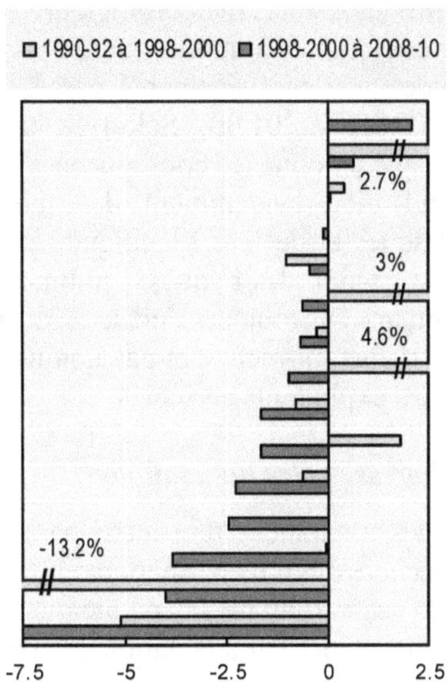

	Doses d'application de l'eau d'irrigation[1]			Variation annuelle moyenne en %	
	Mégalitres par hectare de terre irriguée			% par an	
	1990-92[2]	1998-2000[3]	2008-10[4]	1990-92 à 1998-2000	1998-2000 à 2008-10
Nouvelle-Zélande	..	3.4	4.3	..	2.1
Corée	14.3	17.6	18.2	2.7	0.7
Japon	20.6	21.5	21.6	0.4	0.1
Italie	..	7.7	7.6	..	-0.1
Espagne	7.0	6.5	6.3	-1.0	-0.4
Israël	5.2	6.6	6.2	3.0	-0.6
Grèce	6.3	6.1	5.8	-0.3	-0.7
Turquie	7.9	11.4	10.3	4.6	-0.9
États-Unis	9.1	8.4	7.7	-0.8	-1.7
Mexique	11.4	12.2	10.7	1.8	-1.7
France	3.3	3.1	2.6	-0.6	-2.3
Chili	..	18.1	15.2	..	-2.4
Portugal	10.4	10.4	7.3	0.0	-3.8
Australie	8.7	4.9	3.6	-13.2	-4.0
Danemark	0.9	0.7	0.4	-5.1	-7.5

Ces chiffres concernent uniquement les pays de l'OCDE dans lesquels la superficie des terres irriguées est supérieure à 5 % de la superficie agricole totale, à l'exception de l'Australie, où l'agriculture irriguée est très présente (l'irrigation représente plus de 50 % de la totalité des prélèvements d'eau douce) mais représente moins de 5 % des terres agricoles, dont une grande partie sert de pâturage.

Les pays sont classés par ordre décroissant en fonction de la variation annuelle moyenne exprimée en pourcentage pour la période comprise entre 1998-00 et 2008-10.

Les données concernant Israël font référence aux prélèvements d'eau douce par le secteur agricole.

Les données statistiques concernant Israël sont fournies par et sous la responsabilité des autorités israéliennes compétentes. L'utilisation de ces données par l'OCDE est sans préjudice du statut des hauteurs du Golan, de Jérusalem-Est et des colonies de peuplement israéliennes en Cisjordanie aux termes du droit international.

1. Les apports d'eau d'irrigation sont calculés en divisant la quantité d'eau douce prélevée à des fins d'irrigation par la superficie irriguée.

2. Faute de chiffres pour la période 1990-92, les données communiquées correspondent aux années suivantes : 1997 pour l'Australie ; 1990-91 pour le Danemark ; 1990 pour la France, le Japon, la Corée, le Portugal et les États-Unis ; 1990-92 pour la Grèce ; 1994-95 pour le Mexique ; 1991 pour l'Espagne.

3. Faute de chiffres pour la période 1998-00, les données communiquées correspondent aux années suivantes : 2001 pour l'Australie ; 1999 pour le Chili ; 1995-96 pour le Danemark ; 2000 pour la France ; 2000-02 pour la Grèce ; 1998 pour l'Italie ; 2000-01 pour le Japon ; 1997-98 pour la Corée ; 1998-00 pour le Mexique, l'Espagne et la Turquie ; 2006 pour la Nouvelle-Zélande ; et 2000 pour le Portugal et les États-Unis.

4. Faute de chiffres pour la période 2008-10, les données communiquées correspondent aux années suivantes : 2007-09 pour la Grèce ; 2006 pour le Chili ; 2002-04 pour le Danemark ; 2007 pour la France ; 2006-08 pour Israël, le Japon et le Mexique ; 2002-03 pour la Corée ; 2010 pour la Nouvelle-Zélande ; 2009 pour l'Italie et le Portugal ; 2005-07 pour l'Espagne et 2008 pour les États-Unis.

Source: OCDE (2014b), Compendium des indicateurs agro-environnementaux de l'OCDE, Éditions OCDE.
doi : http://dx.doi.org/10.1787/9789264181243-fr.

Méthodes de gestion des risques dans le cadre de l'adaptation à l'augmentation des risques de sécheresse et d'inondation

À défaut de mesures d'adaptation visant à réduire la sensibilité du secteur agricole aux risques météorologiques, l'intensification de ces derniers, sous l'effet du changement climatique, devrait conduire à une réduction directe du revenu des agriculteurs. De plus, le changement climatique ne devrait pas uniquement accroître les risques météorologiques, mais également leur niveau d'*ambiguïté*, en raison du caractère de moins en moins *stationnaire* du climat, qui fait que les experts ne peuvent plus se fonder sur les événements passés pour déterminer de façon pertinente les risques à venir (OCDE, 2014a). Selon la théorie économique, l'ambiguïté tend à renforcer l'aversion au risque, et donc les conséquences sur le bien-être des agriculteurs. Cet impact général dépend bien évidemment des mesures d'adaptation appliquées. De plus, l'intensification des risques et de leur l'ambiguïté pousse également les exploitants à investir dans des stratégies de gestion des risques. La dimension incitative du risque dans la prise de décisions des agriculteurs fait toujours débat, mais au vu de sa progression, on peut raisonnablement penser que le risque lui-même, et pas uniquement les résultats attendus, influence de plus en plus les choix des exploitants agricoles.

Politiques d'indemnisation et d'assurance contre la sécheresse et les inondations

Les accords de partage des risques et les marchés des assurances font aussi partie des outils de gestion des risques liés à l'eau (inondations et sécheresses). Ils permettent en théorie aux agriculteurs de partager les risques avec l'ensemble du secteur, ou plus généralement avec le reste de l'économie. En principe, l'assurance peut être un outil d'adaptation intéressant pour deux raisons :

- elle répartit le poids des risques climatiques pesant sur chaque agriculteur entre l'ensemble des exploitations et les autres secteurs d'activité, d'une façon qui, selon la théorie économique, maximise le bien-être social ;
- en appliquant aux risques un prix équitable, dès lors que l'asymétrie de l'information ne l'en empêche pas, cet outil peut faire office *d'incitation économique* et orienter les exploitations vers des choix de production efficaces en termes de bien-être social. Par exemple, si le rendement d'une culture est plus risqué en raison du changement climatique, la prime d'assurance appliquée à cette culture sera plus élevée, ce qui incitera directement l'agriculteur à réexaminer ses choix de production.

Ces avantages reposent essentiellement sur l'hypothèse selon laquelle les marchés des assurances agricoles fonctionnent bien et couvrent les principales sources de risques, ce qui requiert certaines conditions : existence d'un risque *réel* ; possibilité de l'évaluer ; risques statistiquement indépendants, d'où applicabilité de la loi des grands nombres. L'existence de risques extrêmes ou d'une interdépendance des risques peut également constituer un obstacle de poids au développement des marchés de l'assurance privée, en exposant les portefeuilles d'assurance à de lourdes pertes et en compliquant le calcul des primes ainsi que les exigences en matière de réserves de fonds propres (Kousky et Cook, 2009). En réalité, le développement à grande échelle de marchés de l'assurance agricole privée et non subventionnée dans les pays de l'OCDE est déjà limité par plusieurs facteurs, même sans prendre en considération le changement climatique. Ainsi, certains risques sont déjà couverts, notamment ceux pour lesquels il existe un certain niveau d'indépendance statistique d'une exploitation ou d'une région à l'autre, comme les risques de grêle. Cependant, dans la majorité des pays de l'OCDE, les risques majeurs tels que la sécheresse sont moins bien, voire pas du tout couverts par les marchés de l'assurance privée, du moins en l'absence de soutien public (OCDE, 2012c). En conséquence, il importe de prendre soigneusement en considération les avantages et les limites relatives des dispositifs actuels d'assurance agricole pour développer l'assurance en tant qu'outil efficace d'adaptation au changement climatique.

Le problème le plus particulier de l'assurance en tant qu'outil d'adaptation tient peut-être au caractère non stationnaire du climat, qui complique la tâche des actuaires chargés de mesurer les risques et de leur appliquer un prix. En pratique, il est possible d'ajuster progressivement les primes pour refléter la tendance suivie par les risques météorologiques dans des conditions de changement climatique. Cela permet de mettre à jour en permanence le coût du risque, ce qui peut fournir une indication précieuse aux agriculteurs pour leurs décisions en matière d'adaptation (Weinberg, 2012). Cependant, le changement climatique crée également des défis spécifiques pour les marchés de l'assurance. En effet, les experts doivent jongler en permanence entre le monde du risque, où la probabilité peut être estimée, et celui de l'incertitude, où les prévisions n'ont aucune place. Les sociétés d'assurance prennent en charge les risques, non les incertitudes. Le secteur de l'assurance doit donc aussi s'adapter à cette situation nouvelle pour être en mesure d'aider efficacement l'agriculture à s'adapter au changement climatique avec lequel les risques ne font pas que suivre une tendance mais deviennent également plus ambigus, ce qui se répercute également sur la demande et l'offre d'assurance. Le **graphique 2.4** présente les conséquences prévues de la hausse de l'ambiguïté pour un risque donné. En théorie, le risque accroît non seulement la demande d'assurance (car l'ambiguïté renforce l'aversion au risque), mais aussi le coût de l'assurance, en raison notamment du capital nécessaire pour couvrir les pertes importantes.

Graphique 2.4. Conséquences hypothétiques de l'ambiguïté sur la demande et l'offre de produits d'assurance

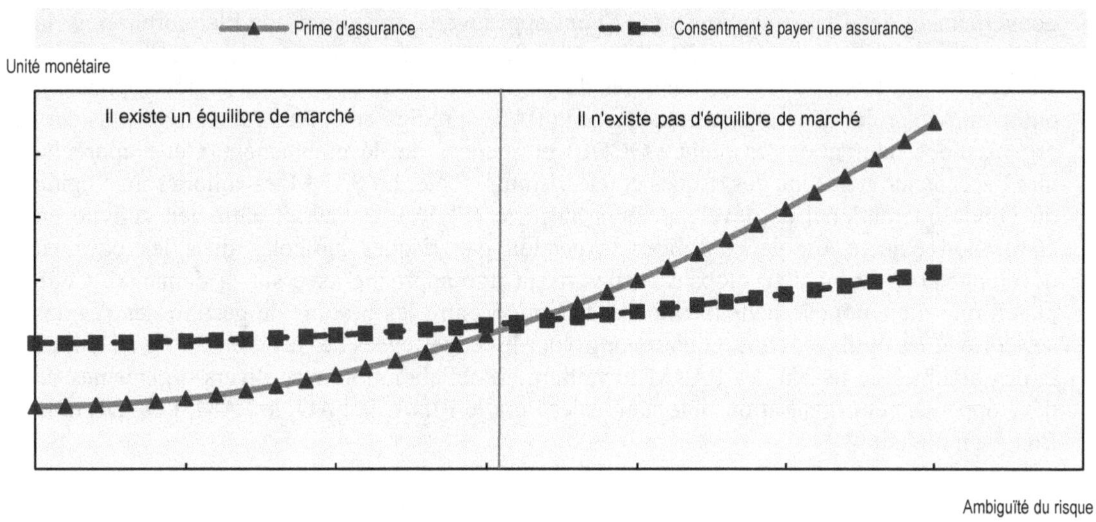

Instruments innovants de partage des risques

Au cours des dernières décennies, de nouveaux instruments de mutualisation et de transfert des risques ont été mis au point, parmi lesquels figure l'assurance indexée sur les conditions météorologiques, qui consiste à calculer le montant de l'indemnisation en fonction de l'occurrence d'un phénomène météorologique, elle-même définie par une ou plusieurs variables météorologiques. Par exemple, le versement des indemnités peut être déclenché lorsque la température dépasse un certain seuil dans une région donnée. Ainsi, les pertes individuelles sont corrélées à l'indice météorologique. Lorsque les risques individuels sont suffisamment corrélés dans une zone géographique donnée, les agriculteurs sont couverts contre le risque systémique lié au phénomène météorologique. L'assurance indicielle possède plusieurs caractéristiques intéressantes : elle peut notamment permettre de supprimer les coûts de transaction liés au suivi des pertes individuelles, ainsi que les risques relatifs à l'aléa moral.

En outre, il peut être possible de transférer le risque de base vers les marchés financiers, ce qui peut élargir la portée du partage du risque et donc induire des gains d'efficacité en termes de mutualisation des risques. L'assurance indicielle a toutefois aussi ses limites : il peut être difficile d'en fixer le prix, et elle permet par nature d'assurer contre la composante systémique du risque climatique. Par conséquent, chaque agriculteur dont le rendement n'est pas parfaitement corrélé au risque climatique devra garder à l'esprit la composante idiosyncratique du risque.

Il existe dans le monde plusieurs exemples de contrats d'assurance indicielle (Hellmuth et al., 2009). Dans un contexte où le risque de phénomènes météorologiques extrêmes s'accroît, l'un des aspects essentiels de l'adaptation consiste à rechercher les possibilités d'assurance les plus efficaces afin de renforcer la résilience du secteur agricole face aux chocs climatiques, même si l'existence de fortes incertitudes demeure un frein majeur au partage des risques dans des conditions climatiques non stationnaires. Ces outils de gestion des risques innovants pourraient permettre de réduire les coûts de mise en œuvre des systèmes d'assurance et d'indemnisation actuels. Cependant, ils ne doivent pas être perçus comme une solution universelle d'assurance des risques agricoles, mais plutôt comme une innovation précieuse au sein d'une palette plus large d'instruments de gestion des risques. En effet, la nature, les caractéristiques et l'importance relative des risques climatiques varient considérablement selon les pays, d'où la nécessité de mettre au point des solutions sur mesure.

La confrontation des expériences nationales peut contribuer à améliorer les systèmes d'assurance agricole. Lors du sommet de Los Cabos, en juin 2012, les chefs d'État et de gouvernement des États membres du G20 ont approuvé la création d'une Plateforme pour la gestion des risques agricoles (PARM), dans le cadre de l'amélioration de la sécurité alimentaire. En février 2013, les membres du groupe de travail du G20 sur le développement ont adopté le projet de note conceptuelle de la PARM, rédigé en collaboration avec plusieurs organisations internationales (dont l'OCDE) et agences de développement. Cette approche met l'accent sur la gestion des risques et une vision globale. La PARM travaillera sous l'égide du Fonds international de développement agricole (FIDA), et devrait entrer en activité en 2014. Son objectif est de consolider la gestion des risques agricoles dans les pays en développement de manière globale en favorisant une approche axée sur la demande. Cette plateforme a été conçue pour faciliter l'adéquation entre les besoins de gestion des risques agricoles et les outils existants et pour confronter les expériences des différentes organisations et des hommes de terrain. La PARM travaillera en collaboration avec divers organismes de développement et organisations internationales dont le FIDA, la FAO, le PAM, l'OCDE et la Banque mondiale.

La gestion des risques météorologiques dans un contexte de changement climatique : adopter une approche globale

La gestion des risques liés aux sécheresses et aux inondations ne doit pas se limiter à des politiques d'assurance et d'indemnisation mais devrait plutôt être considérée de manière globale (OCDE, 2009). Les stratégies d'adaptation appliquées à l'échelle des exploitations agricoles peuvent avoir des répercussions sur la performance moyenne des systèmes agricoles ainsi que sur leur profil de risque. Ainsi, l'irrigation peut à la fois permettre d'améliorer les rendements moyens et de réduire les risques de baisse de rendement due à la fluctuation des précipitations. Dans certaines situations, il peut y avoir une corrélation négative entre les risques et les retombées attendues, comme cela a déjà été démontré dans le cas des semences résistantes à la sécheresse. Le fait de ne pas dissocier les impacts du changement climatique sur le rendement moyen et la variabilité du rendement peut influencer les choix réalisés en termes de priorités d'adaptation[2]. González-Zeas et al. (2013) se sont récemment penchés sur cette question dans le cas de l'Europe. Ils ont analysé les effets conjugués du changement climatique sur la variabilité moyenne et totale de la productivité des cultures à l'échelle régionale. Les résultats ont permis de classer par ordre de priorité les régions agro-climatiques dans lesquelles la problématique du changement climatique devrait être traitée le plus rapidement. Quatre cas ont été définis afin de hiérarchiser les priorités d'adaptation (**tableau 2.4**). Par exemple, si la variabilité du rendement diminue et que le rendement moyen progresse, les pouvoirs publics devront tâcher de venir à bout des obstacles aux solutions possibles. À l'inverse, si ces deux éléments reculent, il faudra se concentrer davantage sur les effets moyens. González-Zeas et al. (2013) ont travaillé à partir du scénario A2 du GIEC pour la période 2071-2100 et ont comparé leurs résultats au scénario de référence correspondant à la période 1961-1990. Le **graphique 2.5** présente les variations de la moyenne et de la variabilité des rendements dans le cadre du scénario A2.

Tableau 2.4. Hiérarchisation des besoins d'adaptation

		Variation des rendements moyens (%)	
		(-)	(+)
Variation de la variabilité des rendements (%)	(+)	Priorités d'intervention (gestion des risques et des impacts)	Adaptation axée sur la réduction de la variabilité (gestion des risques)
	(-)	Adaptation axée sur les effets moyens	Adaptation axée sur l'élimination des obstacles aux solutions possibles

Source : González-Zeas D, S. Quiroga, A. Iglesias, L. Garrote (2013), "Looking beyond the average agricultural impacts in defining adaptation needs in Europe", *Regional Environmental Change*. doi : http://dx.doi.org/10.1007/s10113-012-0388-0.

Comme le montrent les résultats, le changement climatique devrait faire augmenter le rendement des cultures dans les régions boréales, les régions continentales de l'hémisphère sud et les régions alpines. À l'inverse, le rendement moyen devrait fléchir dans les autres régions. Par ailleurs, le scénario A2 prévoit une hausse de la variabilité des rendements dans les régions continentales de l'hémisphère nord, les régions de l'Atlantique central et sud ainsi que dans les régions du nord et du sud du bassin méditerranéen. Étrangement, dans les régions du nord du bassin méditerranéen et de l'Atlantique central, les fluctuations de la variabilité des rendements sont bien plus marquées que celles des rendements moyens. Grâce à cette étude, les besoins et les priorités en matière d'adaptation peuvent être directement reliés à l'évolution conjointe des rendements moyens et de leur variabilité, comme l'expliquent González-Zeas et al. (2013) dans le **tableau 2.5**.

Une autre question importante liée au coût économique des phénomènes extrêmes concerne la mutualisation des risques entre les agriculteurs et les consommateurs. En effet, en raison de la faible élasticité-prix de la majeure partie des produits de base agricoles, les pertes de production liées aux chocs climatiques pourraient entraîner des hausses de prix plus que proportionnelles, qui pourront dans certains cas compenser la baisse de revenus des exploitants due à ces pertes. Ce phénomène est parfois désigné sous le terme de « couverture naturelle ». Dans ces situations, les risques climatiques sont répercutés sur les consommateurs de produits agricoles par l'intermédiaire des risques de prix. L'ouverture aux échanges pourrait en principe permettre de réduire dans une certaine mesure la volatilité des prix liée aux phénomènes météorologiques extrêmes et de redistribuer les risques entre les agriculteurs et les consommateurs.

Graphique 2.5. Variation des rendements moyens et de la variabilité des rendements dans différentes régions sous l'influence du changement climatique

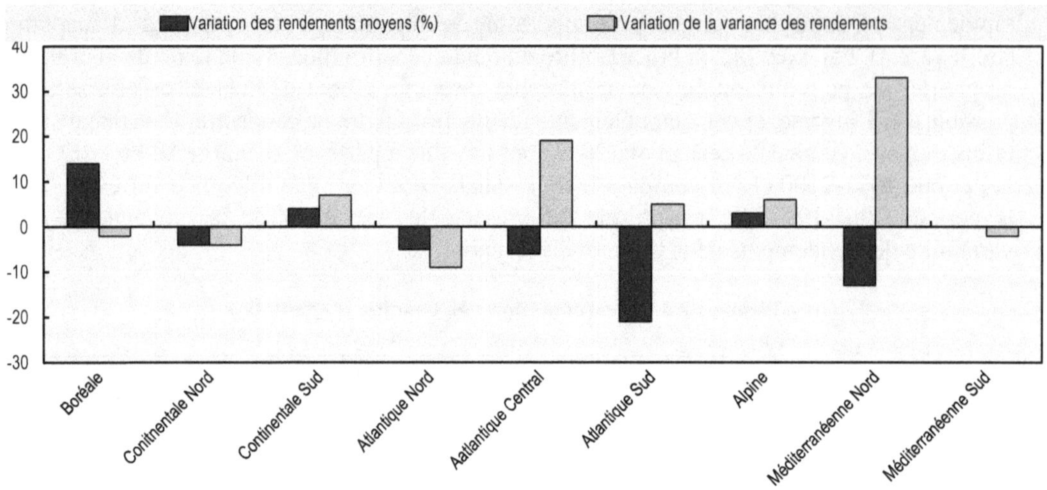

Source : González-Zeas D, S. Quiroga, A. Iglesias, L. Garrote (2013), "Looking beyond the average agricultural impacts in defining adaptation needs in Europe", *Regional Environmental Change*. doi : http://dx.doi.org/10.1007/s10113-012-0388-0.

Tableau 2.5. Stratégies d'adaptation visant la variation des rendements moyens et de la variabilité des rendements dans les régions agro-climatiques européennes

Besoins d'adaptation	Mesures d'adaptation possibles
Adaptation axée sur les effets moyens	• Modification des plantes cultivées et des plans de culture • Modification des pratiques culturales • Augmentation des apports de produits agrochimiques • Extension des superficies irriguées • Mise au point de variétés résilientes au changement climatique • Diversification des moyens de subsistance • Délocalisation des activités de transformation à la ferme
Adaptation axée sur la réduction de la variabilité	• Développement de l'assurance • Intensification de l'irrigation • Déplacement des cultures situées dans des régions vulnérables • Amélioration de la capacité de rétention de l'humidité des sols
Adaptation axée sur la variation de la moyenne et de la variabilité des rendements	• Mise en œuvre de plans d'adaptation régionaux • Mise en place de services de conseil • Promotion de la recherche technologique et biotechnologique • Promotion de la recherche sur l'efficience d'utilisation de l'eau • Promotion de la recherche en matière de gestion et de planification
Adaptation axée sur l'élimination des obstacles aux perspectives de l'agriculture	• Mise au point de plans d'adaptation pour conserver des conditions de cultures optimales et l'augmentation de la productivité • Fourniture de conseils fondés sur des avis d'experts

Source : González-Zeas D, S. Quiroga, A. Iglesias, L. Garrote (2012), "Looking beyond the average agricultural impacts in defining adaptation needs in Europe", *Regional Environmental Change,* Vol. 12. doi : http://dx.doi.org/10.1007/s10113-012-0388-0.

Cohérence de la politique agricole et déterminants du marché

Déterminants du marché, signaux de prix et mutualisation des risques à l'échelle internationale

La mise en œuvre des réformes de politique agricole a progressé dans toute la zone de l'OCDE, ce qui a permis d'améliorer le découplage entre les mesures de soutien des revenus et autres versements, et les décisions de production prises par les exploitants et, ce faisant, de réduire les distorsions sur les marchés des intrants et des produits. En effet, en découplant les paiements directs des prix et de la production, les pouvoirs publics renforcent l'influence de l'offre et la demande et des prix du marché sur les décisions de production des agriculteurs. Le découplage pourrait favoriser l'adaptation au changement climatique, puisque les exploitants agricoles n'auront plus besoin de maintenir des cultures sous-programme et pourront diversifier leurs plans de culture en fonction de l'offre et de la demande. Le découplage réduit par ailleurs les pressions exercées sur l'environnement et les distorsions des échanges.

Le changement climatique modifiant les régimes de températures et de précipitations, la structure de la production agricole et les avantages comparatifs évolueront également, ce qui ne manquera pas de se répercuter sur les flux d'échanges de produits de base. Les échanges permettent de tirer pleinement parti des avantages comparatifs et toute restriction des flux d'échanges risque d'aggraver les pertes économiques dues au changement climatique. Le commerce international atténue et diffuse les impacts du changement climatique sur les marchés des produits de base et dans le cas de l'adaptation, les échanges permettent de mutualiser les risques, puisque les pertes de rendement subies dans une région peuvent être compensées par des importations (Nelson et al., 2009). Ainsi, la modification des flux commerciaux constitue un mécanisme important pour neutraliser – au moins en partie – les retombées négatives du changement climatique sur la productivité.

Les effets non linéaires des températures et l'intensification de la fréquence des phénomènes extrêmes tels que les inondations vont probablement modifier les moyennes et la variabilité des rendements (Rosenzweig et al., 2002 ; Urban et al., 2012). Les marchés concurrentiels de produits de base sont donc susceptibles d'intégrer l'évolution des prévisions relatives au niveau et à l'instabilité des rendements, ce qui devrait influencer les prix futurs ainsi que les prix des options.

Dans un contexte de réchauffement climatique et à l'heure où le stockage des céréales et des oléagineux est soumis à la concurrence, une plus grande volatilité du marché et les perspectives d'évolution des rendements peuvent avoir des répercussions sur les prix et le stockage des produits de base. Les premières recherches consacrées à l'adaptation des pratiques de stockage en réponse au changement climatique portent à croire qu'une plus grande volatilité de la production alimentaire pourrait être partiellement amortie par un accroissement des activités de stockage sur un marché concurrentiel. En effet, grâce au stockage, les prix sont moins susceptibles de varier, même si la production agricole fluctue davantage selon les années (Tran et al., 2012). Toutefois, de l'avis général, le dispositif international de stocks régulateurs ne parvient pas vraiment à réduire la volatilité des prix ; il semble en outre sensible aux attaques spéculatives et peut même entraîner une envolée des prix (FAO, OCDE et al., 2011). Toutefois, les pouvoirs publics pourraient avoir un rôle à jouer en instaurant des conditions favorables au stockage privé et au développement de marchés du stockage concurrentiels.

Bien qu'encourageantes, ces réactions théoriques du marché pourraient être faussées ou contournées par une modification des politiques commerciales ou des interdictions d'exportations. Des révisions brutales des politiques commerciales, comme la récente interdiction des exportations de blé adoptée par la Russie à la suite d'une immense vague de chaleur et d'incendies, qui ont provoqué de graves pertes de production en 2010, pourraient bouleverser les forces naturelles du marché, qui auraient dû tempérer la volatilité des prix dans le contexte du changement climatique.

Ces problématiques sont étroitement liées au débat sur la sécurité alimentaire. Certains phénomènes hydrologiques extrêmes, tels que les inondations, les sécheresses et les pénuries d'eau, pourraient faire chuter la production agricole moyenne et faire augmenter les risques de production, et partant les risques de prix. Il importe donc, pour assurer la stabilité des disponibilités alimentaires, de sécuriser la gestion de l'eau agricole, en particulier dans les grands pays producteurs. Le récent rapport de l'OCDE sur la sécurité alimentaire intitulé *Sécurité alimentaire mondiale : défis pour le système agricole et agro-alimentaire* (OCDE, 2013) insiste sur la nécessité de percevoir le changement climatique comme une composante essentielle de la problématique de la sécurité alimentaire.

Procéder par étapes pour encourager un cadre d'action favorable à l'adaptation

Il est d'usage, avant d'instaurer toute nouvelle politique, de remédier aux échecs des dispositifs en place, tels que les subventions aux intrants dommageables pour l'environnement, qui accentuent les défaillances des marchés de l'environnement, et ce n'est qu'après qu'il convient de s'attaquer aux dysfonctionnements restants au moyen d'interventions ciblées et adaptées. Les subventions au titre de l'eau d'irrigation, qui conduisent à une surexploitation de ressources en eau limitées et intensifient le lessivage des éléments nutritifs et des pesticides au détriment de l'environnement, offrent un bon exemple de défaillance de l'action publique. On peut citer aussi le soutien des prix du marché et les subventions à la production qui incitent à utiliser davantage d'intrants (engrais, pesticides et eau d'irrigation) nuisibles pour l'environnement. Ces catégories de mesures couplées font en outre augmenter les coûts d'opportunité des politiques environnementales et annulent en partie leurs bienfaits. Les problèmes de revenus des agriculteurs ne doivent pas être traités à l'aide d'outils généraux de politique agricole, car les objectifs de revenus pourraient être atteints également grâce à des politiques d'action et d'assistance sociales (OCDE, 2002 ; van Tongeren, F. 2008). Pour se conformer à ce modèle par étapes, les pouvoirs publics pourraient envisager de modifier les mesures qui pourraient induire une maladaptation, comme les assurances financées ou subventionnées par l'État, les mesures de secours d'urgence et les programmes de garantie de ressources, qui permettent aux agriculteurs de poursuivre leurs activités dans des régions où le risque de faible productivité est élevé (Mendelsohn, 2010)[3].

Interactions entre les pratiques d'atténuation et d'adaptation dans le domaine de la gestion de l'eau agricole

Il arrive que les stratégies d'adaptation et d'atténuation climatiques dépendent fortement d'arbitrages et de synergies. Évidemment, plus les mesures d'atténuation actuelles sont strictes, moins il sera nécessaire de s'adapter à long terme. Les pratiques d'atténuation qui améliorent la rétention de l'eau et des éléments fertilisants et préviennent la dégradation des sols peuvent accroître la résilience aux sécheresses et aux inondations. Les mesures d'adaptation qui simplifient le travail du sol, accroissent les rotations de cultures et améliorent la couverture végétale peuvent quant à elles contribuer aux efforts d'atténuation (OCDE, 2010b).

La plupart des pratiques d'atténuation des émissions de gaz à effet de serre (GES) et de séquestration du carbone dans les sols, telles que l'absence de travail du sol ou les jachères vertes, ont des effets complexes et variables sur les ressources en eau et leur qualité. Par exemple, l'absence de travail du sol peut réduire le ruissellement de sédiments et d'éléments fertilisants, mais aussi accroître le ruissellement d'herbicides. Le changement d'affectation des sols, comme la conversion de terres cultivées en jachères vertes, peut produire les mêmes effets et affecter les ressources en eau. S'ils sont importants, ces effets connexes devront être traités explicitement lors de l'élaboration des mesures d'atténuation des émissions de GES et de séquestration du carbone, mais cela pourrait faire augmenter les coûts de mise en œuvre.

De plus, ces effets connexes peuvent varier sensiblement dans l'espace, et les politiques devront être conçues et mises en œuvre en tenant compte de l'hétérogénéité des capacités d'atténuation et de séquestration et de leurs effets connexes, de façon à cibler et adapter les incitations climatiques. Cette même constatation s'applique bien évidemment aux effets connexes des politiques visant la qualité de l'eau, les ressources en eau ainsi que la conservation et l'utilisation durable de la biodiversité sur les émissions de GES.

Les publications spécialisées analysent de nombreuses pratiques d'atténuation dans le secteur agricole, leur potentiel de réduction des émissions et leur coût (pour un examen global exhaustif, voir Smith et al., 2008). Récemment, Pellerin et al. (2013) ont analysé le potentiel de réduction et le coût de dix mesures techniques d'atténuation en France et en ont conclu que le secteur agricole avait un important potentiel de réduction des émissions sans affecter de façon significative les systèmes de production. Ces pratiques peuvent être classées en quatre grandes catégories (McCarl et Schneider, 2000 ; Smith et al., 2007 ; Baker et al., 2013) :

- *réduction des émissions,* moyennant des modifications de la gestion des cultures et des pratiques d'élevage, l'affection des terres à d'autres cultures et la mise en jachères ou le boisement de terres cultivées ;
- *amélioration de l'absorption du carbone atmosphérique,* moyennant la création de puits de carbone ou leur développement ; il s'agira principalement de modifier l'intensité du travail du sol l'utilisation des terres et l'aménagement de forêts (Lal, 2004 ; Murray et al., 2005) ;
- *mise au point de solutions de substitution aux produits à forte intensité d'émissions de GES,* comme les combustibles fossiles ou les matériaux de construction, ce qui induit un déplacement de ces sources d'émissions (McCarl, 2008) ;
- *promotion des* avancées *techniques qui permettent de réduire les émissions de GES* en chiffres absolus ou par unité de produit (Baker et al., 2013).

Parce qu'elles peuvent nécessiter de modifier les systèmes de culture, la plupart des pratiques d'atténuation disponibles dans le secteur agricole sont susceptibles d'avoir des répercussions – directes ou indirectes – sur les ressources en eau et leur qualité :

- En ce qui concerne la *quantité d'eau* disponible, la généralisation des cultures énergétiques peut entraîner une *consommation* d'eau supplémentaire et, dans certaines régions, stimuler l'utilisation d'eau d'irrigation[4]. Par exemple, la culture de la canne à sucre en remplacement des cultures herbagères ou d'autres cultures peut nécessiter davantage d'eau car cette plante connaît une évapotranspiration plus importante. À l'inverse, la transformation de superficies cultivées en pâturages ne se traduit pas uniquement par une réduction des émissions de GES nettes à long terme ; elle favorise également l'infiltration de l'eau dans les nappes souterraines et peut également ralentir le ruissellement au profit des écoulements souterrains, qui sont rejetés plus lentement dans les cours d'eau, ce qui fait que l'eau reste disponible pendant plus longtemps.
- S'agissant de la *qualité de l'eau,* un certain nombre de stratégies d'atténuation telles que la gestion des effluents d'élevage et des engrais, la simplification du travail du sol et la conversion de terres cultivées en *prairies* ou en forêts sont recommandées de longue date afin de limiter le ruissellement et le lessivage de l'azote, du phosphore, des pesticides et des sédiments dans les eaux superficielles et souterraines, ainsi que leurs conséquences pour la qualité de l'eau. Plus généralement, la qualité de l'eau peut être altérée lorsque

les pratiques d'atténuation modifient le taux d'érosion des sols, les apports d'engrais et de pesticides, ainsi que la quantité et la teneur en éléments nutritifs des effluents d'élevage, ce qui se répercute ensuite sur le ruissellement des sédiments, des éléments fertilisants et des pesticides. Ce phénomène peut concerner aussi bien les eaux superficielles que les eaux souterraines.

La compréhension des effets de l'atténuation du changement climatique sur l'eau passe par la prise en compte non seulement des conséquences directes des activités d'atténuation sur les hydrosystèmes mais aussi de leur influence sur d'autres pratiques de gestion agricole qui peuvent, à leur tour, avoir des répercussions sur ces systèmes. Ainsi, l'adoption de techniques culturales simplifiées visant à accroître la séquestration du carbone du sol affecte non seulement les pratiques de travail du sol mais aussi la catégorie et la quantité d'intrants utilisés, tels que les engrais et les pesticides, ce qui influence également la qualité de l'eau.

Un ensemble d'indicateurs environnementaux permet de cerner les effets des pratiques d'atténuation du changement climatique sur les ressources en eau, aussi bien du point de vue de leur qualité que de leur quantité. Les hydrosystèmes font l'objet de pressions environnementales pouvant être modifiées – directement et indirectement – par ces pratiques d'atténuation. Ainsi :

- le volume des *prélèvements d'eau effectués par le secteur agricole* peut varier sous l'effet d'un nouveau ciblage des politiques et des institutions de conservation de l'eau destiné à favoriser l'intégration *plus* générale de dispositifs améliorés d'irrigation avec la gestion de l'eau aussi bien au niveau de l'exploitation qu'au niveau du bassin hydrographique. ;
- le *ruissellement de l'eau agricole* peut évoluer sous l'effet de certaines activités d'atténuation : conversion de *terres* cultivées en pâturages ou forêt et création de zones humides aux endroits où le ruissellement se trouve fortement réduit ;
- le *transfert par ruissellement d'éléments fertilisants et de pesticides des zones cultivées* peut être modifié par *certaines* pratiques d'atténuation : modification du type et de l'utilisation d'engrais et de pesticides, travail superficiel ou minimum du sol et conversion de terres cultivées en jachères vertes ou en forêts ;
- le *ruissellement d'éléments fertilisants provenant de l'élevage et de l'épandage de fumier* peut être altéré par des mesures telles que la réduction des effectifs et une meilleure gestion du fumier.

Outre les relations décrites ci-dessus, un certain nombre de politiques d'atténuation des effets du changement climatique dans le secteur agricole peuvent avoir des effets indirects sur la quantité et la qualité de l'eau. La terminologie utilisée dans le cadre du Protocole de Kyoto désigne généralement ce phénomène sous l'appellation de *fuites de carbone* (Murray, McCarl et Lee, 2004). Cela signifie qu'étant donné qu'une stratégie d'atténuation entraîne une diminution de la production d'un produit de base – ce qui provoque une diminution directe du rendement par hectare ou du nombre d'hectare de terres exploitées – cette réorganisation exerce à son tour une pression sur le marché afin de compenser cette perte de production. Cette situation stimule la production sur les terres qui ne sont pas directement concernées par la mesure d'atténuation. Par exemple, la première génération de biocarburants était produite à partir d'espèces végétales issues de cultures traditionnelles, telles que le maïs ou la canne à sucre ce qui a réduit les disponibilités de ces produits sur le marché et poussé les producteurs d'autres régions à accroître leur production. Cette expansion peut passer par l'adoption de pratiques agricoles intensives ou extensives.

Le phénomène des fuites de carbone peut pousser les agriculteurs d'autres régions à entreprendre une intensification de leur production, en recourant notamment à l'irrigation ou en appliquant davantage d'engrais et de pesticides, ce qui peut induire des pressions sur les hydrosystèmes. L'intensification peut également favoriser le ruissellement de sédiments, au détriment de la qualité de l'eau (Baker et al., 2010). Pfeiffer et Lin (2010, 2013) citent des exemples d'exploitations dans lesquelles l'amélioration des techniques d'irrigation a réduit l'utilisation d'eau et les coûts de production par hectare, ce qui a alors entraîné une expansion des terres exploitées, ce qui peut en fin de compte se traduire par une hausse de la quantité totale d'eau utilisée.

Le développement d'une agriculture plus extensive implique de modifier l'usage des sols. En particulier, une baisse de production dans une région peut entraîner une hausse ailleurs, ce qui peut faire baisser la quantité d'eau disponible en dehors des exploitations et détériorer la qualité de la ressource lorsque les superficies mises en culture nécessitent des apports d'engrais ou de pesticides, notamment. L'élevage peut aussi se trouver indirectement affecté si l'augmentation des prix des produits de base, et donc des aliments du bétail, provoque une réduction du cheptel, comme l'indiquent Murray et al. (2005) et Ugarte et al. (2008) de même que la qualité de l'eau, grâce à la réduction des quantités de fumier appliquées et des transferts d'éléments nutritifs par ruissellement.

Les pratiques d'atténuation du changement climatique peuvent être rassemblées au sein de grandes catégories selon qu'elles renvoient à la modification de l'usage des sols, à la conduite des cultures, aux pratiques d'élevage, à la bioénergie ou aux progrès techniques, pour ne citer que quelques exemples. Ces catégories et quelques-unes des principales pratiques sont brièvement décrites ci-après. Les pratiques examinées ici sont destinées à illustrer les liens entre certaines pratiques d'atténuation et l'eau. En tant que telles, elles ne constituent pas une liste exhaustive de toutes les possibilités d'atténuation disponibles dans le secteur agricole.

Le **tableau 2.6** synthétise les principales relations entre ces dispositifs d'atténuation et la quantité et la qualité des ressources en eau. Le signe + signifie que les activités d'atténuation contribuent à améliorer la qualité ou la quantité de l'eau, tandis que le signe – traduit une aggravation de la situation. Enfin, le symbole +/- est utilisé lorsque les conséquences globales des mesures adoptées ne sont pas déterminées de manière générale mais varient selon les cas. Un examen plus complet de ces pratiques d'atténuation est proposé à l'annexe C.

Le principal obstacle auquel se heurtent les pouvoirs publics pour intégrer les stratégies d'adaptation et d'atténuation dans leur action réside dans leurs coûts de mise en œuvre, en raison de la nature très spécifique des interactions selon les sites et du coût de l'information. Certaines politiques visent à promouvoir un ensemble de pratiques de gestion agricoles présentant divers avantages conjoints en termes de séquestration du CO_2, d'eau et de biodiversité. Cela permet bien évidemment de limiter les coûts de mise en œuvre, mais la question du niveau optimal de réglementation et de la précision des outils économiques, tels que les taxes et les subventions, reste ouverte. Ce débat va bien au-delà de la question de l'eau et du CO_2, mais il inclut toutes les externalités positives et négatives liées à la production agricole.

Il importe de ne pas perdre de vue le caractère assez général des liens entre l'atténuation et l'eau présentés dans cette section et de savoir que les effets sur les ressources en eau et la qualité de l'eau varieront selon les régions, qu'il existe inévitablement des incertitudes même à l'échelle locale, et aussi, dans certains cas, que l'effet global est équivoque.

La plupart des pratiques agricoles analysées ici ont été appliquées pour des raisons agronomiques, économiques ou environnementales, qu'il s'agisse d'améliorer les rendements, de protéger les ressources en eau, de réduire le coût des intrants, ou d'atteindre d'autres objectifs d'environnement, visant par exemple la qualité de l'eau ou la biodiversité. Ces pratiques comprennent, par exemple, le travail du sol simplifié ou le semis direct, la gestion des engrais et des pesticides, et l'irrigation de précision. Ainsi, la réflexion présentée ici s'appuie principalement sur les résultats obtenus pour ces pratiques qui pourraient réduire les

Tableau 2.6. Synthèse des relations entre les activités d'atténuation et le volume et la qualité des ressources en eau

			Ruissellement des eaux	Ruissellement et lessivage d'éléments nutritifs et de pesticides	Ruissellement d'éléments nutritifs provenant des effluents d'élevage	Utilisation de combustibles fossiles	Prélèvement d'eau d'irrigation
Modification directe de l'utilisation des terres		Conversion de terres cultivées en pâturages	+	+		+	+
		Conversion de terres cultivées en forêt	+	+		+	+
		Mise en culture de terres marginales et pâturages et production de bioénergie	-	-		-	-
Gestion agricole	Gestion des cultures	Travail simplifié et culture en courbes de niveau	+	+/-		+	+
		Cultures associées et cultures pérennes	+	+			+/-
		Gestion de l'irrigation	+	+		+	+
		Gestion des engrais et des éléments nutritifs		+		+	
		Réduction de l'utilisation d'autres produits chimiques		+			
	Animaux	Gestion des effluents d'élevage			+		
		Sélection et amélioration génétique des espèces animales		+	+/-		+
Bioénergie	Sources et processus énergétiques	Combustibles liquides			+/-	+	
		Électricité		+		+	
		Pyrolyse - Biochar	+	+		+	
		Cultures traditionnelles et leurs déchets	+/-	+/-		+	
		Cultures énergétiques	+/-	+		+	
		Déjections animales			+	+	
		Sous-produits issus de la transformation		+		+	

Notes : le + indique une amélioration qualitative ou quantitative de l'eau, tandis que le signe – indique une détérioration. Le symbole +/- indique quant à lui que l'impact global des mesures n'est pas connu et varie selon les cas. Il convient de prendre en considération le caractère très général des liens présentés dans le tableau parce que les effets sur les ressources en eau et la qualité de l'eau varieront selon les régions, qu'il existe inévitablement des incertitudes même à l'échelle locale, et aussi, dans certains cas, que l'effet global est équivoque, même en termes qualitatifs.

Sources : McCarl, B.A., et U.A. Schneider (2000), "US Agriculture's Role in a Greenhouse Gas Emission Mitigation World: An Economic Perspective", *Review of Agricultural Economics*, Vol. 22(1); Oleson, J. et J.R. Porter (2009), "Deliverable 10: Adaptation and Mitigation", PICCMAT project report, European Commission, Brussels; Smith, P., et al. (2007), "*Agriculture*" In B. Metz *et al. (eds.), Climate Change 2007: Mitigation. Contribution of Working Group III to the Fourth Assessment Report of the Intergovernmental Panel on Climate Change*, Cambridge University Press, Royaume-Uni et New York, NY, États-Unis.

émissions de gaz à effet de serre mais qui ont été appliquées à d'autres fins. Même si l'on part du principe que leurs implications seront les mêmes dans le cadre de l'atténuation des émissions de GES, certaines différences au niveau de leur mise en œuvre pourraient modifier les répercussions qualitatives et quantitatives sur les ressources en eau.

L'analyse des effets des pratiques d'atténuation sur les ressources en eau et la qualité de l'eau doit être considérée sur une base générale qualitative et non pas quantitative. En effet, la documentation dont on dispose montre bien l'hétérogénéité spatiale des effets observés, qui tient aux différents types de sol, à la topographie, au climat et à bien d'autres facteurs. En particulier, on a beaucoup écrit sur la façon dont l'absence de travail du sol intensifiait le piégeage du carbone dans le sol (Lal et al., 1998). Blanco-Canqui et Lal (2008) citent toutefois des exemples qui ne confirment pas ce phénomène et indiquent que « l'idée selon laquelle les techniques culturales simplifiées amélioreraient aussi le piégeage du carbone organique dans le sol, ce qui leur donne un intérêt supplémentaire, doit être soigneusement réexaminée ». De même, les études sur la capacité de dénitrification des bandes tampons indiquent qu'elle est fortement liée au type de sol, aux écoulements hypodermiques, et la biogéochimie souterraine (Mayer et al., 2007).

Dans certains cas, l'effet global des pratiques d'atténuation peut être difficile à cerner. Par exemple, la modification de rotation culturale peut faire changer simultanément la quantité d'engrais utilisée, ce qui fait que l'effet global sur les bilans des éléments nutritifs peut être difficile à évaluer ou dépendre des conditions locales.

Synthèse

Les stratégies d'adaptation dans le domaine de la gestion de l'eau agricole doivent faire face à un degré d'incertitude élevé en ce qui concerne les conséquences du changement climatique sur les systèmes agricoles ainsi que les coûts et les avantages des possibilités d'adaptation. Toutefois, cette incertitude ne justifie pas l'inaction. Dans de nombreux pays de l'OCDE, l'offre d'eau devrait décroître et devenir plus volatile, tandis que la demande devrait progresser. Par conséquent, les pouvoirs publics peuvent prendre des mesures immédiates dans le cadre d'une stratégie sans regret pour améliorer l'efficacité de l'utilisation de l'eau dans le secteur agricole.

Les mesures d'adaptation au niveau des exploitations, notamment l'adoption de variétés résistantes à la sécheresse, l'amélioration des techniques d'irrigation et l'abandon de certaines pratiques au profit de systèmes de culture et d'élevage moins fragiles et plus résilients, peuvent permettre de réduire la vulnérabilité des exploitations agricoles face au changement climatique. Les politiques publiques axées sur l'innovation, la formation et l'éducation ainsi que l'application de mesures techniques non contraignantes peuvent également faciliter l'évolution naturelle des exploitations dans le sens de l'adaptation.

L'adaptation de la gestion de l'eau agricole au changement climatique requiert des outils réglementaires et économiques mettant en lumière le prix social de l'eau. Les progrès effectués en la matière durant les ces dernières décennies ont permis d'améliorer l'efficacité d'utilisation de l'eau dans le secteur agricole, à des fins d'irrigation, et parmi les autres usagers.

Du fait de la hausse prévue des risques de phénomènes météorologiques extrêmes, tels que les sécheresses et les inondations, les stratégies d'adaptation devront intégrer les systèmes d'assurance et d'indemnisation dans la panoplie d'outils qui pourront renforcer la résilience des systèmes agricoles. Ces instruments doivent non seulement tenir compte de l'augmentation des risques, mais aussi des incertitudes qui s'y attachent. Certains nouveaux outils de gestion des risques, comme l'assurance indexée sur les conditions météorologiques, peuvent avoir un rôle à jouer, bien qu'il soit primordial d'aborder la question de la gestion des risques dans une perspective globale.

Le libre-échange est un outil important permettant de refléter totalement la modification des avantages comparatifs due au changement climatique, tout en mutualisant les risques, de telle sorte que les pertes de rendements intervenues dans une région donnée puissent être compensées par des importations. De même, le stockage à des fins d'adaptation peut permettre d'amortir la volatilité accrue de la production et des prix des produits de base.

Les synergies ainsi que les arbitrages entre les différentes mesures d'atténuation et d'adaptation au changement climatique doivent être examinés explicitement lors de l'élaboration des politiques pour pouvoir tirer pleinement parti de leurs complémentarités et minimiser les risques de conflit.

Dans ce chapitre, on n'a pas cherché à hiérarchiser les options d'adaptation au changement climatique et d'atténuation du changement climatique, puisque les conséquences du changement climatique sont extrêmement incertaines, dépendent de l'emplacement géographique et du contexte socio-économique. D'une manière générale, le choix des politiques d'adaptation et de leur enchaînement doit s'effectuer au cas-par-cas, en ayant recours à des processus de décision robustes face à une profonde incertitude. De plus, comme l'adaptation au changement climatique est un processus dynamique, les politiques d'adaptation doivent permettre une certaine flexibilité et un apprentissage dynamique.

Notes

1. Depuis Knight (1921), on fait habituellement une distinction entre les *risques*, dont les probabilités et les conséquences peuvent être estimées quantitativement, et l'*incertitude*, qui se rapporte à des situations où elles ne le peuvent pas. Cette distinction est utile mais doit être faite au cas par cas : la plupart des risques temporels comportent également un certain degré d'incertitude. *L'incertitude profonde*, telle qu'analysée par Hallegatte et al., ajoute à l'incertitude Knightienne deux dimensions : le fait qu'il pourrait y avoir des désaccords entre des visions du monde tout aussi valables ; et le fait que les décisions d'adaptation sont dépendantes dans le temps (*cf.* glossaire).

2. Une démarche intéressante consiste à se concentrer de prime abord sur la moyenne et la variance, cependant elle ne traduit pas complètement la complexité des risques. Les risques météorologiques sont connus pour leurs distributions de probabilités typiquement non-normales, tels que les risques extrêmes, qui nécessiteraient d'utiliser des critères complémentaires comme les moments statistiques d'ordre supérieur.

3. Il est néanmoins important d'analyser les défaillances de l'action publique au cas par cas pour éviter que les réformes des politiques risquent d'avoir des effets indésirables. Par exemple, dans certains bassins hydrographiques, l'irrigation peut contribuer aux flux dans les cours d'eau et à la réalimentation des nappes souterraines, en raison des caractéristiques hydrologiques du réseau hydrographique. D'une manière plus générale, cette question est celle des politiques dites de second rang.

4. Dans certains pays membres et dans l'Union européenne, les critères de durabilité ont pour objectif d'éviter ces conséquences involontaires sur l'environnement.

Références

AEE (2012), "Climate change, impacts and vulnerability in Europe 2012 – An indicator-based report", Agence Européenne de l'Environnement.

Baker, J.S., B.A. McCarl, B.C. Murray, S.K. Rose, R.J. Alig, D.M. Adams, G.S. Latta, R.H. Beach et A. Daigneault (2010), "Net Farm Income and Land Use under a U.S. Greenhouse Gas Cap-and-Trade", *AAEA Policy Issues*, Issue 7.

Baker, J.S., B.C. Murray, B.A. McCarl, S.J. Feng et R. Johansson (2013), "Implications of Alternative Agricultural Productivity Growth Assumptions on Land Management, Greenhouse Gas Emissions, and Mitigation Potential", *American Journal of Agricultural Economics*, Vol. 95, pp. 435-441.

Barnett, T.P., J.C. Adam et D.P. Lettenmaier (2005), "Potential impacts of a warming climate on water availability in snow-dominated regions", *Nature*, Vol. 438, No. 7066, pp. 303–309.

Berry, S.T., M. J. Roberts et W. Schlenker (2012), "Corn production shocks in 2012 and beyond: Implications for food price volatility", In *The Economics of Food Price Volatility*, University of Chicago Press.

Blanco-Canqui, H. et R. Lal (2008), "No-Tillage and Soil-Profile Carbon Sequestration: An On-Farm Assessment", *Soil Science Society of America Journal*, Vol. 72, No. 3, pp. 693-701.

Brisson, N., P. Gate, D. Gouache, G. Charmet, F.-X. Oury et F. Huard (2010), "Why are wheat yields stagnating in Europe? A comprehensive data analysis for France", *Field Crops Research*, Vol. 119, Issue 1, pp. 201-212.

Butler, E.E. et Huybers, P. (2013), "Adaptation of us maize to temperature variations", *Nature Climate Change*, Vol. 3, pp. 68–72.

Calzadilla A., T. Zhu, K. Rehdanz, R.S.J. Tol et C. Ringler (2012), "Economy-wide Impacts of Climate Change on Agriculture – Case Study for Adaptation Strategies in Sub-Saharan Africa", in A. Dinar and R. Mendelsohn (Ed.), *Handbook on Climate Change and Agriculture*, Edward Elgar Publishing Ltd., Cheltenham, Royaume-Uni.

Cimato, F. et M. Mullan (2010), "Adapting to Climate Change: Analysing the Role of Government", *Defra Evidence and Analysis Series*, Paper 1.

Dauphiné A. et D. Provitolo (2007), "La résilience : un concept pour la gestion des risques", *Annales de géographie*, Vol. 2 (654), pp. 115-125.

Dixit, A. et R. Pindyck (1994), *Investment Under Uncertainty*, Princeton University Press.

Erdlenbruch, K., S. Loubier, M. Montginoul, S. Morardet et M. Lefebvre (2013), "La gestion du manque d'eau structurel et des sécheresses en France", Sciences, Eau et Territoire, No. 11, p. 78-85

FAO (2011), "Climate change, water and food security", *FAO Water Report* No. 36.

FAO, OCDE et al. (2011), « Price Volatility in Food and Agricultural Markets: Policy Responses », Rapport interorganisations soumis lors du G20, réalisé avec le concours de la FAO, du FIDA, du FMI, de l'OCDE, de la CNUCED, du PAM, de la Banque mondiale, de l'OMC, de l'IFPRI et de la HTLF de l'ONU.

Fleischer A. et Pradeep Kurukulasuriya (2012), "Reducing the Impact of Global Climate Change on Agriculture – the Use of Endogenous Irrigation and Protected Agriculture Technology", in Handbook of Climate Change and Agriculture, chapitre 16, pp. 355-381.

Fleurbaey, M. et S. Zuber (2012), "Climate policies deserve a negative discount rate", Fondation Maison des Sciences de l'Homme, WP-2012-19.

GIEC (2012), Gestion des risques de catastrophes et de phénomènes extrêmes pour les besoins de l'adaptation au changement climatique. Rapport spécial des Groupes de travail I et II du Groupe d'experts intergouvernemental sur l'évolution du climat, Cambridge University Press, Cambridge, Royaume-Uni, et New York, NY, États-Unis, p. 582.

Gitz,V. et A. Meybeck (2012), "Risks, Vulnerabilities and Resilience in a Context of Climate Change", in Meybeck, A., J. Lankoski, S. Redfern, N. Azzu and V. Gitz (eds.), *Building resilience for adaptation to climate change in the agriculture sector – Proceedings of a Joint FAO/OECD Workshop*, Rome, 23-24 avril 2012.

Gollier, C. (2013), *Pricing the Planet's Future: The Economics of Discounting in an Uncertain World*, Princeton University Press.

Gonzalez-Zeas D, S. Quiroga, A. Iglesias et L. Garrote (2013), "Looking beyond the average agricultural impacts in defining adaptation needs in Europe", Regional Environmental Change, Vol. 12.

Hallegatte S., F. Lecocq et C. de Perthuis (2011), "Designing Climate Change Adaptation Policies. An Economic Framework," *Policy Research Working Paper* No. 5568, Banque mondiale, Washington DC.

Hallegatte, S., A. Shah, R. Lempert, C. Brown et S. Gill (2012), "Investment Decision Making Under Deep Uncertainty – Application to Climate Change", *Policy Research Working Paper* No. 6193, Banque mondiale, Washington DC.

Hellmuth M.E., D.E. Osgood, U. Hess, A. Moorhead et H. Bhojwani (eds) (2009), *Index insurance and climate risk: Prospects for development and disaster management*, Climate and Society No. 2. International Research Institute for Climate and Society (IRI), Columbia University, New York, États-Unis.

Johansson, P.-O. (1991), *An introduction to modern welfare economics*, Cambridge University Press, Cambridge, Royaume-Uni.

Knight, F.H. (1921) *Risk, Uncertainty, and Profit*, Boston, MA: Hart, Schaffner & Marx; Houghton Mifflin Company.

Kousky, C. et M. Cooke (2009), "Climate Change and Risk Management – Challenges for Insurance, Adaptation, and Loss Estimation", Resources for the Future Discussion Paper 09-03.

Lal, R., J.M. Kimble, R. Follett et C.V. Cole. (1998), *The Potential of U.S. Cropland to Sequester Carbon and Mitigate the Greenhouse Effect*. Sleeping Bear Press, Chelsea, MI, pp. 128.

Lefebvre, M. et S. Thoyer (2012), "Risque sécheresse et gestion de l'eau agricole en France", in Études et Synthèses, N°2012-02, UMR LAMETA.

Libecap, Gary D. (2011), "Institutional Path Dependence in Climate Adaptation: Coman's 'Some Unsettled Problems of Irrigation'", *American Economic Review*, 101(1), pp. 64-80.

Luo, B., I. Maqsood et Y. Gong (2010), "Modeling climate change impacts on water trading", *Science of the Total Environment*, Vol. 408, Issue 9, pp. 2034-2041.

Malcom, S., Marshall, E., Aillery, M., Heisey, P., Livingston, M. et K. Day-Rubenstein (2012), "Agricultural Adaptation to a Changing Climate – Economic and Environmental Implications Vary by U.S. Region", ERR-136, US Department of Agriculture, Economic Research Service, juillet 2012.

Mallawaarachchi T. and A. Foster (2009), "Dealing with irrigation drought: the role of water trading in adapting to water shortages in 2007–08 in the southern Murray–Darling Basin", ABARE Research Report 09.6 to the Department of the Environment, Water, Heritage and the Arts, Canberra.

Mayer, P.M., S.K. Reynolds, M. D. McCutchen and T. J. Canfield (2007), "Meta-Analysis of Nitrogen Removal in Riparian Buffers", *Journal of Environmental Quality*, Vol. 36, No. 4, pp. 1172-1180.

McCarl, B.A. (2008), "Bioenergy in a greenhouse gas mitigating world", *Choices*, 23(1), pp. 31-33

McCarl, B.A., and U.A. Schneider (2000), "US Agriculture's Role in a Greenhouse Gas Emission Mitigation World: An Economic Perspective", *Review of Agricultural Economics*, Vol. 22(1), pp. 134-159.

Mendelsohn, R. (2010), *Agriculture and Economic Adaptation to Climate Change*, [COM/TAD/CA/ENV/EPOC(2010)40/FINAL].

Murray, B.C., A.J. Sommer, B. Depro, B.L. Sohngen, B.A. McCarl, D. Gillig, B. de Angelo et K. Andrasko (2005), *Greenhouse Gas Mitigation Potential in US Forestry and Agriculture*, EPA Report 430-R-05-006, novembre.

Murray, B.C., B.A. McCarl et H-C. Lee (2004), "Estimating Leakage from Forest Carbon Sequestration Programs", *Land Economics*, Vol. 80(1), pp. 109-124.

Nelson, G.C. (2009), *Climate change: Impact on agriculture and costs of adaptation.* International Food Policy Research Institute.

OCDE (2014a), *L'eau et l'adaptation au changement climatique : Des politiques pour naviguer en eaux inconnues,* Études de l'OCDE sur l'eau, Éditions OCDE.
doi : http://dx.doi.org/10.1787/9789264200647-fr.

OCDE (2014b), *Compendium des indicateurs agro-environnementaux de l'OCDE*, Éditions OCDE, Paris.
doi : http://dx.doi.org/10.1787/9789264181243-fr.

OCDE (2013), *Sécurité alimentaire mondiale : Défis pour le système agricole et agro-alimentaire*, Éditions OCDE, Paris.
doi : http://dx.doi.org/10.1787/9789264201354-fr.

OCDE (2012a), *Comportement et pratiques de gestion des agriculteurs face au changement climatique*, Éditions OCDE, Paris.
doi : http://dx.doi.org/10.1787/9789264167933-fr

OCDE (2012b), *Qualité de l'eau et agriculture : Un défi pour les politiques publiques*, Études de l'OCDE sur l'eau, Éditions OCDE, Paris.
doi : http://dx.doi.org/10.1787/9789264121119-fr .

OCDE (2012c), *Gestion des risques en agriculture : Évaluation et conception des politiques*, Éditions OCDE, Paris.
doi : http://dx.doi.org/10.1787/9789264174795-fr.

OCDE (2010a), *Gestion durable des ressources en eau dans le secteur agricole*, Études de l'OCDE sur l'eau, Éditions OCDE, Paris.
doi : http://dx.doi.org/10.1787/9789264083592-fr.

OCDE (2010b), *Climate Change and Agriculture: Impacts, Adaptation and Mitigation*, Éditions OCDE, Paris.
doi: http://dx.doi.org/10.1787/9789264086876-en.

OCDE (2010c), *Gestion des risques dans l'agriculture : Une approche holistique*, Éditions OCDE.
doi : http://dx.doi.org/10.1787/9789264075337-fr.

OCDE (2006), *Analyse coûts-bénéfices et environnement : Développements récents*, Éditions OCDE, Paris.
doi: http://dx.doi.org/10.1787/9789264010079-fr.

OCDE (2002), *Politiques agricoles des pays de l'OCDE : un programme de réforme constructif*, Éditions OCDE, Paris.
doi: http://dx.doi.org/10.1787/9789264299689-fr.

Ortiz-Bobea (2012), "Understanding Heat and Moisture Interactions in the Economics of Climate Change Impacts and Adaptation on Agriculture", document de travail.

Ortiz-Bobea, A. et R.E. Just (2012), "Modeling the structure of adaptation in climate change impact assessment", *American Journal of Agricultural Economics*, publié en ligne.

Pellerin S., L. Bamière, D. Angers, F. Béline, M. Benoît, J.P. Butault, C. Chenu, C. Colnenne-David, S. De Cara, N. Delame, M. Doreau, P. Dupraz, P. Faverdin, F. Garcia-Launay, M. Hassouna, C. Hénault, M.H. Jeuffroy, K. Klumpp, A. Metay, D. Moran, S. Recous, E. Samson, I. Savini et L. Pardon (2013), *Quelle contribution de l'agriculture française à la réduction des émissions de gaz à effet de serre ? Potentiel d'atténuation et coût de dix actions techniques*. Synthèse du rapport d'étude, INRA (France), 92 p.

Pfeiffer, L., et C.-Y.C. Lin (2013), "Does Efficient Irrigation Technology Lead to Reduced Groundwater EXtraction? Empirical Evidence", document non publié, Université de Californie, Davis.

Pfeiffer, L. et C.-Y.C. Lin (2010), "The effect of irrigation technology on groundwater use". *Choices*, 25 (3).

Pindyck, R. (1989), "Irreversibility, uncertainty, and investment". Policy Research Working Paper Series No 294, Banque mondiale.

Rosenzweig, C., F.N. Tubiello, R. Goldberg, E. Mills et J. Bloomfield (2002), "Increased crop damage in the us from excess precipitation under climate change", *Global Environmental Change* Vol. 12, No. 3, pp. 197–202.

Saleth, R.M., Ariel Dinar et J. Aaprius Frisbie (2011), "Climate change, drought and agriculture: the role of effective institutions and infrastructure", in *Handbook on Climate Change and Agriculture,* Ariel Dinar and Robert Mendelsohn.

Seo, S.N. et R.Mendelsohn (2008), "An analysis of crop choice: Adapting to Climate Change in South American Farms", *Ecological Economics,* Vol. 67, No. 1, pp. 109–116.

Sinclair, T.R. et R.C. Muchow (2001), "System analysis of plant traits to increase grain yield on limited water supplies", *Agronomy Journal*, Vol. 93, No. 2, pp. 263–270.

Smit, B., I. Burton, R.J.T. Klein et J. Wandel (2000), "An Anatomy of Adaptation to Climate Change and Variability", *Climatic Change* Vol. 45, pp. 223–251.

Smith, P., D. Martino, Z. Cai, D. Gwary, H. Janzen, P. Kumar, B. McCarl, S. Ogle, F. O'Mara, C. Rice, B. Scholes, O. Sirotenko, M. Howden, T. McAllister, G. Pan, V. Romanenkov, U. Schneider et S. Towprayoon (2007), "Policy and technological constraints to implementation of greenhouse gas mitigation options in agriculture", *Agriculture, Ecosystems and Environment 118*, 6-28.

Smith, P., D. Martino, Z. Cai, D. Gwary, H. Janzen, P. Kumar, B. McCarl, S. Ogle, F. O'Mara, C. Rice, B. Scholes, O. Sirotenko, M. Howden, T. McAllister, G. Pan, V. Romanenkov, U. Schneider, S. Towprayoon, M. Wattenbach et J. Smith (2008), "Greenhouse gas mitigation in agriculture", *Philosophical Transactions of the Royal Society, Biological Science* N°363, 789-813.

van Tongeren, F. (2008), *Élaboration et mise en œuvre des politiques agricoles : une synthèse*, Documents de l'OCDE sur l'alimentation, l'agriculture et les pêcheries, No. 7, Éditions OCDE. doi : http://dx.doi.org/10.1787/243785574180.

Tran, A.N., J.R. Welch, D. Lobell, M.J. Roberts et W. Schlenker (2012), "Commodity prices and volatility in response to anticipated climate change". In 2012 Annual Meeting, August 12-14, 2012, Seattle, Washington, No. 124827, Agricultural and Applied Economics Association.

Ugarte, D., He, K.L. Jensen, B. C. English et K. Willis (2008), "Estimating Agricultural Impacts of Expanded Ethanol Production: Policy Implications for Water Demand and Quality", Paper presented at American Agricultural Economics Association Annual Meeting, Orlando, FL, 27-29 juillet.

Urban, D., M.J. Roberts, W. Schlenker et D.B. Lobell (2012), "Projected tem- perature changes indicate significant increase in interannual variability of us maize yields", *Climatic change,* Vol.112, No. 2, pp. 1–9.

Walthall, C.L. et al. (2012), Climate Change and Agriculture in the United States: Effects and Adaptation, USDA *Technical Bulletin* 1935, Washington, D.C., pp. 186.

Weinberg, M. (2012), "Agricultural response to a changing climate: the role of economics and policy in the United States of America", in Meybeck, A., J. Lankoski, S. Redfern, N. Azzu et V. Gitz (eds.) *Building resilience for adaptation to climate change in the agriculture sector – Proceedings of a Joint FAO/OECD Workshop*, Rome, 23-24 avril 2012.

Chapitre 3

Conclusions et principales implications pour l'action

Ce chapitre présente les principales recommandations pratiques pour construire des systèmes agricoles et hydrologiques plus résilients face aux défis posés par le changement climatique.

Reconnaître que l'eau est un chapitre central de l'histoire de l'adaptation au changement climatique. Bien que les connaissances actuelles concernant les incidences du changement climatique sur le cycle de l'eau, au niveau local en particulier, présentent toujours certaines lacunes, on s'attend à ce que les disponibilités en eau se trouvent profondément modifiées et deviennent plus volatiles durant les prochaines décennies dans de nombreux pays. Certains pourraient connaître des conditions plus sèches, d'autres, plus humides. La plupart devront s'accommoder de conditions hydriques instables et de ressources en eau en perpétuelle évolution.

Dans la mesure du possible, remédier aux déficits de connaissances à l'échelle visée par les mesures d'adaptation afin d'en améliorer l'efficacité et de réduire le risque de maladaptation. L'eau est un intrant essentiel de la production agricole, aussi est-il indispensable, pour pouvoir planifier l'adaptation, de mieux connaître les impacts du changement climatique sur la production agricole. Il s'agira en particulier de :

- Mieux comprendre le rôle spécifique de l'eau, associé à d'autres facteurs — température, CO_2, etc. — dans la production agricole pour permettre au secteur agricole d'évaluer les avantages que peuvent procurer les différentes pratiques de gestion agricole et les nouveaux systèmes de culture et d'élevage.
- Mieux cerner les *liens* entre changement climatique, agriculture et qualité de l'eau.

La gestion de l'eau agricole fait intervenir des biens publics, des externalités et des problèmes de gestion des risques, c'est pourquoi l'adaptation privée au changement climatique ne peut remplacer l'adaptation collective. *La stratégie d'adaptation de la gestion de l'eau agricole doit donc, dans un souci de cohérence, agir aux cinq niveaux suivants* en tenant compte des interactions qui existent entre eux :

- L'exploitation agricole : adaptation des pratiques de gestion de l'eau et des systèmes de culture et d'élevage ;
- Le bassin versant : *adaptation* des règles de partage de l'eau dans le secteur agricole et compte tenu des autres utilisateurs (urbains et industriels) et utilisations (écosystèmes) ;
- La gestion des *risques* : adaptation des systèmes de gestion des risques de sécheresse et d'inondation ;
- Les politiques et marchés agricoles : adaptation au changement climatique des politiques et marchés agricoles *existants* ;
- les interactions *entre* atténuation et adaptation de la gestion de l'eau agricole.

Créer un environnement propice à l'adaptation au niveau des exploitations agricoles — Dans le domaine de l'eau, les stratégies d'adaptation doivent commencer par mettre en place un environnement économique et social favorable. Il s'agira certes d'améliorer les connaissances sur l'impact du changement climatique mais également d'intervenir dans d'autres domaines, notamment :

- Investir dans la formation et l'éducation des agriculteurs au changement climatique et à ses enjeux afin d'améliorer *leur* capacité d'adaptation. Le changement climatique s'inscrit dans un futur lointain et ses conséquences au niveau local sont très incertaines, d'où le risque de voir ce problème relégué au second plan dans les préoccupations des agriculteurs compte tenu de tous les défis que doit aujourd'hui relever l'agriculture.

- Promouvoir *l'innovation* en agronomie et en hydrologie pour obtenir des avancées techniques qui permettront de réduire la vulnérabilité des systèmes agricoles au changement climatique.
- Conjuguer — au moyen d'instruments économiques par exemple — des incitations financières et non financières. Ces dernières pourront viser à promouvoir l'action et l'apprentissage collectifs, le partage des connaissances et la participation aux plans locaux d'adaptation, ce qui favoriserait en outre l'acceptabilité sociale de la réforme des systèmes d'allocation des ressources en eau vers une plus grande flexibilité. Les évaluations comparatives entre agriculteurs peuvent aussi accroître le taux de diffusion des solutions techniques apportant des réponses appropriées à l'évolution des conditions climatiques, en faisant appel par exemple aux nouvelles technologies de communication et d'information.
- En cas de *changements* structurels, les pouvoirs publics pourraient chercher à lisser dans le temps les coûts en planifiant l'adaptation et en octroyant des aides financières temporaires dans des situations clairement définies

L'adaptation de la gestion de l'eau agricole exige la mise en place de *systèmes d'allocation des ressources en eau suffisamment souples et robustes* pour permettre une redistribution efficace de l'eau en présence de fortes incertitudes quant aux disponibilités futures et de conditions climatiques non-stationnaires, conjuguée à une *stratégie à long terme temporellement cohérente pour harmoniser la demande et l'offre d'eau.* Les systèmes d'allocation de l'eau qui permettent à la fois aux prix et aux quantités de fluctuer en réponse aux chocs qu'ils subissent sont souhaitables aussi bien dans l'environnement existant qu'en tant que moyen de fournir une capacité d'adaptation face au changement climatique. Le chemin à parcourir pour mettre en place de tels systèmes d'allocation plus efficients, plus souples et plus robustes pourrait être long et délicat, d'où la nécessité d'engager dès maintenant un processus d'amélioration progressive en s'attachant notamment à :

- Reconnaître la complexité de la gestion de l'eau, qui pâtit du déficit de connaissances sur le fonctionnement des systèmes hydrologiques, sur les relations entre les compartiments *hydrologiques*, et sur les relations entre les pratiques de gestion agricole et la quantité et la qualité de l'eau.
- Développer des équipements techniques, des méthodes et des infrastructures afin de mesurer les débits et les stocks dans les bassins hydrographiques. Il s'agit là d'une condition sine qua non si l'on veut surveiller les impacts du changement climatique ; cela permettra en outre d'obtenir des données *utiles* pour planifier l'adaptation, qui pourront ensuite servir à mettre au point des instruments économiques (tarification de l'eau et échanges de droits sur l'eau, notamment). Il est aussi important de déterminer les volumes qui peuvent être prélevés de manière durable, en reconnaissant les incertitudes résultant du changement climatique.
- Établir des droits de l'eau, lorsque cela est possible et opportun. Autre solution, mettre en place des accords collectifs pour gérer la ressource.
- Mettre au point la *combinaison* la plus efficace d'instruments : réglementaires, économiques et accords collectifs.
- Développer l'usage des instruments économiques (tarification et marchés de l'eau) qui pourraient apporter des solutions permettant de conjuguer flexibilité et incitations à long terme, même si l'adoption de *tels* instruments d'allocation de l'eau se heurte encore à d'importants obstacles. Le fait que les disponibilités d'eau s'amenuisent et que les coûts de transaction de ces instruments diminuent devrait favoriser leur développement.

- Assurer un horizon stable à moyen et long termes pour permettre aux agriculteurs de se projeter et investir dans l'adaptation. La souplesse et l'efficience à court terme sont des conditions nécessaires *mais* pas suffisantes. Sont particulièrement concernées les régions où le changement climatique nécessitera des ajustements structurels importants des systèmes agricoles et hydrologiques.
- Tenir compte des contraintes d'économie politique et des effets redistributifs des stratégies d'adaptation, qui peuvent constituer des obstacles majeurs au développement de systèmes plus efficients et plus souples. L'inertie des systèmes complexes et leur lenteur à s'adapter, de même que le poids des décisions passées ne doivent pas être sous-estimés.

Les dispositifs de mutualisation des risques, s'ils sont bien conçus, peuvent réduire les coûts liés à l'accroissement des risques et des incertitudes concernant les événements météorologiques tels que les inondations et les sécheresses et contribuer ainsi à la résilience de l'agriculture au changement climatique :

- Les risques de catastrophe peuvent être gérés dans le cadre de partenariats public-privé en faisant appel à de *nouveaux* outils de gestion (assurance indexée sur les conditions météorologiques, par exemple). Le rapport coût-avantages de ces dispositifs de partage des risques devra être évalué au cas par cas, étant donné que les profils de risque des systèmes agricoles peuvent varier considérablement d'un pays à l'autre. Ces nouveaux dispositifs peuvent se révéler utiles pour améliorer l'efficience des systèmes d'assurance mais n'ont pas dépassé le stade expérimental.
- La conception des moyens d'action privés et publics doit clairement différencier les risques catastrophiques et les autres risques. La distinction opérée sera amenée à évoluer en présence d'un climat non stationnaire, aussi sera-t-il important de la revoir régulièrement pour maintenir l'efficience de la gestion des risques en dépit des changements climatiques.
- Il conviendra, dans un souci de cohérence des politiques, d'étudier soigneusement les effets d'incitation des *systèmes* de gestion des risques sur la production agricole. Bien que pouvant dans certains cas être difficile à mettre en œuvre, une tarification adéquate des risques permet d'envoyer aux agriculteurs des signaux permanents pour les inciter à adapter leurs stratégies de gestion des risques. Si elle est trop peu élevée (compensations gratuites ad hoc ex post ou primes d'assurance subventionnées), la tarification peut réduire la vulnérabilité des exploitations à court terme mais inciter les agriculteurs à s'exposer davantage aux risques à plus long terme.
- D'une façon plus générale, outre l'utilisation d'instruments spécifiques innovants, l'adoption d'une approche globale des *risques* allant des pratiques agricoles aux dispositifs d'assurance, pourrait également contribuer à la résilience des systèmes agricoles.

Le cadre de l'action publique et les conditions du marché devront favoriser l'adaptation des systèmes agricoles et hydrologiques. L'action publique et les facteurs qui déterminent le marché définissent le cadre général dans lequel s'inscrivent les stratégies d'adaptation. Les défaillances des politiques peuvent faire augmenter le coût des mesures d'adaptation. Des efforts sont donc nécessaires pour assurer la cohérence de l'action publique et en particulier :

- Éliminer les incitations qui favorisent la surconsommation d'eau (subventions énergétiques pour le pompage de l'eau d'irrigation et subventions à la production dommageables pour l'environnement, notamment) afin qu'elles n'annulent pas les mesures prises simultanément pour améliorer *l'efficience* de la tarification de l'eau ; les subventions aux assurances, qui incitent les agriculteurs à prendre plus de risques, en sont un autre exemple.

- Favoriser le libre-échange afin de mettre à profit les effets positifs mutuels des avantages comparatifs. Le *changement* climatique devant induire une redistribution des avantages comparatifs sur la carte du monde, les incitations en faveur de la flexibilité et la vérité des prix devraient permettre un redéploiement de la production et l'adaptation des systèmes agricoles.
- Les marchés des stocks de produits de base peuvent, s'ils sont compétitifs et s'ils fonctionnent bien, aider les agriculteurs et les consommateurs à lisser dans le temps les chocs de prix dus aux événements *hydrologiques* extrêmes (sécheresses et inondations, par exemple) et, partant, réduire le coût global de la volatilité croissante de la production liée au changement climatique. Les pouvoirs publics pourraient avoir un rôle à jouer en créant un environnement favorable au stockage privé et à la formation de marchés des stocks compétitifs.

Les pratiques d'atténuation du changement climatique peuvent avoir des conséquences positives ou négatives pour la gestion de l'eau agricole et la qualité de l'eau. Les synergies et incompatibilités entre les pratiques d'atténuation et de gestion agricole dépendent cependant de chaque site et les connaissances présentent bien souvent d'importantes lacunes. Bien que la question soit complexe, il est important de tenir compte de ces interactions dans la conception des politiques d'atténuation, de réduire le risque de conflits entre les objectifs des politiques d'atténuation et de gestion de l'eau et de tirer le meilleur parti des éventuelles synergies.

Au-delà de cet ensemble de recommandations politiques, il semble important de poursuivre les efforts de recherche et d'analyse des liens entre le changement climatique, l'eau et l'agriculture. Les défis soulevés par l'adaptation de la gestion de l'eau agricole au changement climatique sont par nature complexes, techniques et dépendent du contexte. Certains aspects auraient aussi pu être développés davantage, tels que : l'adaptation des systèmes d'élevage à la nouvelle situation de l'eau dans le cadre du changement climatique ; le rôle de l'agriculture dans la gestion des inondations ; le rôle de la recherche et développement et des dispositifs d'innovation, etc. Tous ces aspects nécessiteraient des évaluations détaillées qui vont au-delà de la portée de ce rapport, qui vise à préparer le terrain en vue d'une solide stratégie d'ensemble favorisant la résilience des systèmes agricoles et hydrologiques.

Glossaire

Adaptation

Initiatives et mesures destinées à réduire la vulnérabilité des systèmes naturels et humains vis-à-vis des effets actuels ou escomptés du changement climatique. Il existe différents types d'adaptation, par anticipation ou en réaction, privée ou publique, et autonome ou planifiée, par exemple. On peut citer par exemple la construction de digues sur les rivières ou sur les côtes, le remplacement de plantes fragiles par des plantes résistant mieux aux chocs de température, etc. (GIEC, 2007a).

Besoins en eau des cultures

Quantité d'eau nécessaire à la croissance normale d'une culture pendant une période donnée en conditions de terrain. Ils correspondent principalement à la consommation par évaporation. Les besoins en eau des cultures sont généralement exprimés en hauteur d'eau par unité de surface.

Déficit hydrique des cultures

Différence entre la quantité d'eau évapotranspirée par les cultures et les pluies efficaces pendant la période de croissance.

Fertilisation par le dioxyde de carbone

Amélioration de la croissance des végétaux à la suite de l'augmentation de la concentration atmosphérique de CO_2. Selon leur processus de photosynthèse, certains types de plantes sont plus sensibles aux changements de la concentration atmosphérique de CO_2. (GIEC, 2007a).

Incertitude profonde

D'après Hallegate et al. (2012), se rapporte à une situation dans laquelle les éléments suivants se trouvent réunis : incertitude Knightienne (ignorance des probabilités et des conséquences des situations futures possibles du monde) ; multiples visions du monde divergentes mais également valables, notamment les critères de succès ; décisions qui s'adaptent dans le temps et ne peuvent être prises en considération de manière indépendante.

Evapotranspiration

Transfert de l'eau du sol dans l'atmosphère. Processus combiné d'évaporation de l'eau stockée à la surface de la terre et sous terre et de la transpiration de la végétation.

Incertitude

Depuis Knight (1921), on établit habituellement une distinction entre les *risques*, dont les probabilités et les conséquences peuvent être estimées quantitativement, et l'*incertitude*, qui se rapporte à des situations dans lesquelles elles ne le peuvent pas.

Modèle climatique

Représentation numérique du système climatique basée sur les propriétés physiques, chimiques et biologiques de ses composants, leurs processus d'interaction et de rétroaction, et représentant la totalité ou une partie de ses propriétés connues. Le système climatique peut être représenté par des modèles présentant divers niveaux de complexité – une « hiérarchie » de modèles peut être identifiée pour un composant individuel ou un ensemble de composants, et ces modèles présentent des différences telles que le nombre de dimensions spatiales, l'étendue de la représentation explicite des processus physiques, chimiques ou biologiques ou le degré d'inclusion des paramétrages empiriques. Des modèles de circulation mondiale couplés atmosphère/océan/glace marine (AOGCM) fournissent une représentation générale du système climatique. Il existe une évolution vers des modèles plus complexes à chimie et biologie actives. Les modèles climatiques sont des outils de recherche utilisés pour l'étude et la simulation du climat, mais également dans des buts opérationnels, notamment des prévisions climatiques mensuelles, saisonnières et interannuelles. (GIEC, 2007a).

Modèle de circulation général Voir Modèle climatique.

Maladaptation Tout changement dans les systèmes humains ou naturels qui, par mégarde, augmente la vulnérabilité aux stimuli climatiques ; une adaptation qui augmente la vulnérabilité au lieu de la diminuer (GIEC, 2001).

Phénomène météorologique extrême L'occurrence d'une variable météorologique ou climatique supérieure (ou inférieure) à une valeur seuil proche de la valeur la plus élevée (ou la plus faible) de l'ensemble des valeurs observées de la variable (GIEC, 2012). En font partie, selon une définition plus large et plus simple, les précipitations extrêmes, inondations, sécheresses, vagues de chaleur, ouragans, cyclones, typhons et tornades.

Résilience L'aptitude d'un système et de ses composantes à anticiper, absorber, s'adapter ou se remettre des effets d'un épisode dangereux de manière opportune et efficace, notamment en garantissant la préservation, la restauration ou l'amélioration de ses structures et fonctions essentielles de base (GIEC, 2012).

Résistance La capacité d'un système donné d'absorber un choc.

Vulnérabilité La propension ou la prédisposition d'un système à subir l'effet défavorable d'un choc (GIEC, 2012).

Références du glossaire

GIEC (2012), *Gestion des risques de catastrophes et de phénomènes extrêmes pour les besoins de l'adaptation au changement climatique.* Rapport spécial des Groupes de travail I et II du Groupe d'experts intergouvernemental sur l'évolution du climat, Cambridge University Press, Cambridge, Royaume-Uni, et New York, NY, États-Unis, p. 582.

GIEC (2007a), *Bilan 2007 des changements climatiques : conséquences, adaptation et vulnérabilité.* Contribution du Groupe de travail II au quatrième rapport d'évaluation du Groupe d'experts intergouvernemental sur l'évolution du climat, M.L. Parry, O.F. Canziani, J.P. Palutikof, P.J. van der Linden et C.E. Hanson, éds, Cambridge University Press, Cambridge, Royaume-Uni, p. 976.

GIEC (2007b), *GIEC 2007: Changements climatiques 2007 : Les éléments scientifiques.* Contribution du Groupe de travail I au quatrième rapport d'évaluation du Groupe d'experts intergouvernemental sur l'évolution du climat, Cambridge University Press, Cambridge, Royaume-Uni et New York, NY, États-Unis, p. 996.

GIEC (2001), *Climate Change 2001: Synthesis Report.* Contribution des Groupes de travail I, II et III au troisième rapport d'évaluation du Groupe d'experts intergouvernemental sur l'évolution du climat [Watson, R.T. et the Core Writing Team (éds.)]. Cambridge University Press, Cambridge, Royaume-Uni, et New York, NY, États-Unis, p. 398.

Hallegatte, S., A. Shah, R. Lempert, C. Brown, S. Gill (2012), "Investment Decision Making Under Deep Uncertainty – Application to Climate Change", *Policy Research Working Paper* No. 6193, Banque mondiale, Washington DC.

Knight, F. H. (1921) *Risk, Uncertainty, and Profit*, Boston, MA: Hart, Schaffner & Marx; Houghton Mifflin Company.

Annexe A.

Interactions entre changement climatique, eau et production agricole

Graphique A.1. Cycle de la production agricole et effets du changement climatique

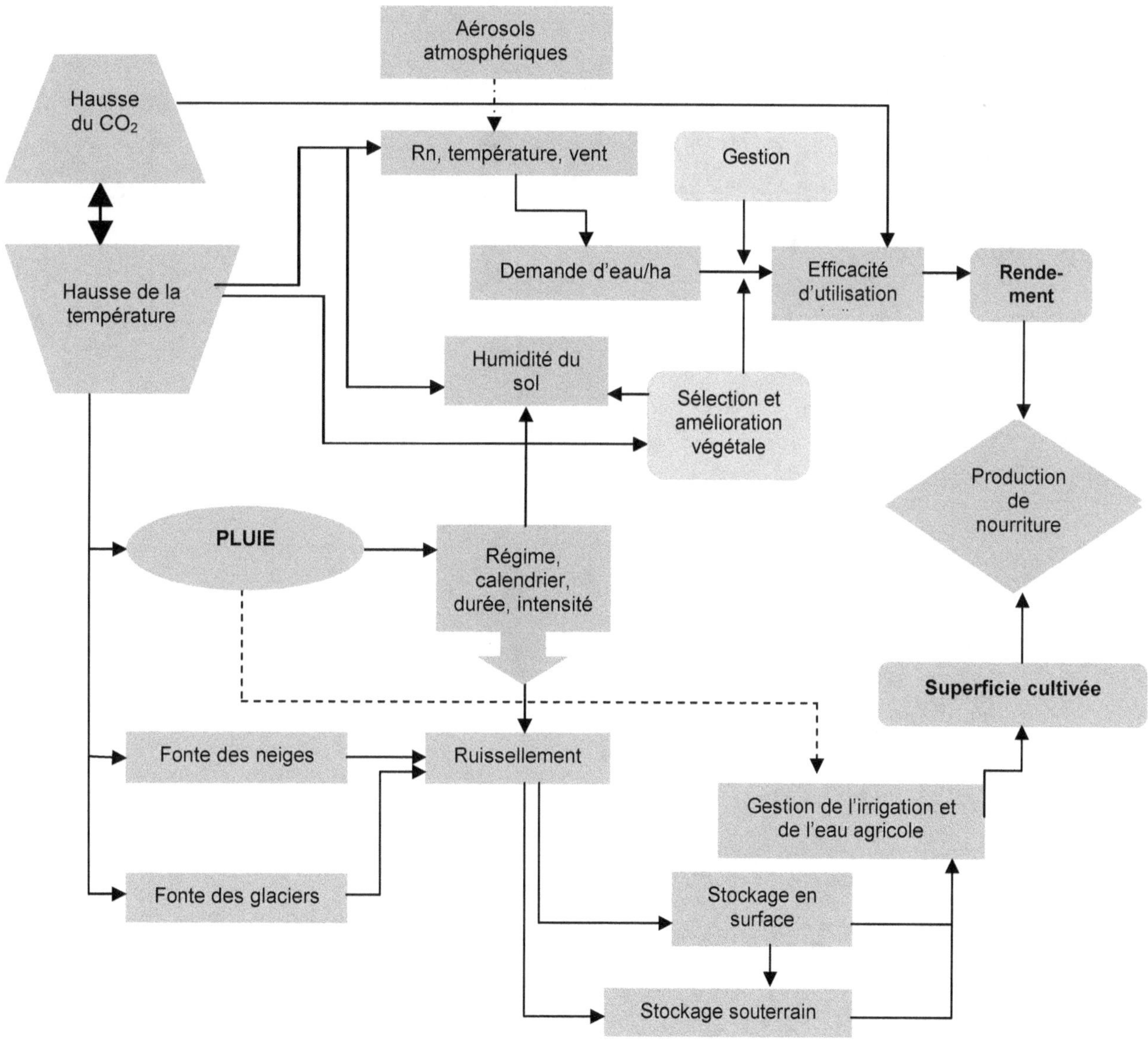

Source : FAO (2011), "Climate change, water and food security", *FAO Water Report*, No. 36, Rome.

Annexe B.

Évolution des anomalies de températures

Graphique B.1. Superficies du globe où sont enregistrées des anomalies de températures .

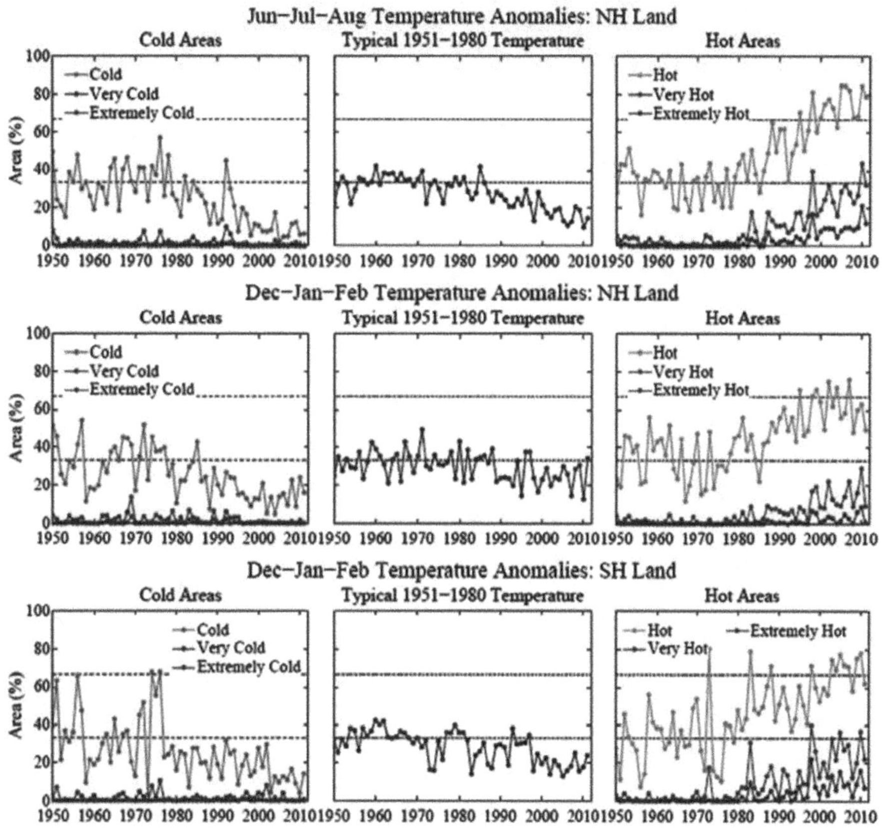

Légende

Anomalies thermiques juin-juillet-août : surface terrestre HN
Température représentative 1951-1980
Froid/Très froid/Extrêmement froid Chaud/Très chaud/Extrêmement chaud
Superficie (%)

Anomalies thermiques déc-jan-fév : surface terrestre HN
Température représentative 1951-1980
Froid/Très froid/Extrêmement froid Chaud/Très chaud/Extrêmement chaud

Anomalies thermiques déc-jan-fév : surface terrestre HS
Température représentative 1951-1980
Froid/Très froid/Extrêmement froid Chaud/Très chaud/Extrêmement chaud

Notes : Les catégories sont définies comme suit : chaude (σ > 0.43), très chaude (σ>2), et extrêmement chaude (σ > 3), les mêmes distinctions s'appliquant aux anomalies froides. Ces anomalies se rapportent à la climatologie de 1951-1980, σ étant calculé par rapport aux données de 1981-2010 épurées de la tendance, mais les résultats sont les mêmes si l'on retient un autre écart-type.

Source : Hansen, J., M. Sato, and R. Ruedy (2012), "Perception of climate change", *Proceedings of the National Academy of Sciences of the United States of America*, Vol. 109, 14726-14727, E2415-E2423, doi:10.1073/pnas.1205276109.

Annexe C.

Incidences de certaines pratiques d'atténuation sur les ressources en eau et la qualité de l'eau

Changement direct d'affectation des terres

La première catégorie d'activités d'atténuation renvoie au changement d'utilisation de terres lesquelles sont généralement converties à des usages favorisant le piégeage du carbone. La conversion des terres cultivées en pâturages ou en forêts en fait partie. Il peut aussi s'agir, dans certains cas, de convertir des terres cultivées, pâturages, forêts et zones humides à la production de cultures énergétiques. Chacun de ces cas est examiné ci-après.

Conversion de terres cultivées en pâturages

L'une des stratégies d'atténuation envisageables consiste à convertir des terres cultivées en pâturages. Cette réaffectation permet généralement de réduire les perturbations du sol et l'utilisation de combustibles fossiles, de pesticides, de chaux et d'engrais, ce qui favorise la fixation du carbone dans le sol et fait baisser les émissions de GES. En termes quantitatifs, si les zones de culture étaient irriguées, leur conversion entraînera une réduction nette de l'utilisation d'eau. De plus, lorsque les terres sont transformées en herbages, le couvert végétal demeure plus longtemps et absorbe plus d'eau, ce qui réduit le ruissellement superficiel de l'eau et son infiltration dans les nappes souterraines (Leterme et Mallants, 2011).

Cette réaffectation aura aussi des incidences non négligeables sur la qualité de l'eau. La conversion en herbages limite généralement l'érosion et par conséquent le transfert de sédiments dans les masses d'eau. Les transferts d'azote, de phosphore et de pesticides se trouvent aussi généralement réduits puisque ces intrants sont utilisés en moindres quantités (Weller et al. 2003) et l'herbe empêche la circulation superficielle de l'eau, ce qui freine le ruissellement. Par ailleurs, si la conversion est sélective et s'opère aux abords des cours d'eau (aménagement de bandes tampons), elle permet de filtrer les produits d'érosion, l'azote et le phosphore qui autrement seraient entraînés dans les eaux de surface (Van Dijk et al., 1996 ; Mayer et al. 2007).

Conversion de terres cultivées en forêts

La conversion de terres cultivées en forêts est une autre option d'atténuation impliquant une réaffectation des terres. Elle permet en général de réduire les perturbations des sols et l'utilisation d'éléments fertilisants au profit d'une amélioration quantitative et qualitative des ressources en eau. En termes quantitatifs, le volume des eaux de ruissellement sera moins important sur les terrains forestiers dont la végétation absorbe en général plus d'eau que celle des terres cultivées.

On note aussi des incidences qualitatives. Plusieurs études et auteurs font valoir que la qualité de l'eau est meilleure dans les régions à dominante forestière (Brown et Binkley 1993, Clark et al., 2000, Fulton et West, 2002). L'érosion y est généralement moindre, de même que les ruissellements d'azote, de phosphore et de pesticides.

Mise en culture de terres marginales et de pâturages et cultures énergétiques

La mise en culture de terres considérées a priori comme marginales, ou occupées par des herbages, buissons, arbres ou d'autres types de végétation, pour produire de l'énergie verte fait aussi partie des mesures d'atténuation reposant sur un changement d'affectation des terres. Elle peut, au moins au début, intensifier les perturbations imposées aux sols et l'application de pesticides et d'engrais, ce qui aura des conséquences qualitatives et quantitatives pour les ressources en eau. S'agissant de la quantité, si les cultures énergétiques sont irriguées, les quantités d'eau utilisées pourront être plus importantes, mais cela dépendra toutefois de la végétation préexistante : s'il s'agissait d'arbres, elles seront réduites et elles resteront pratiquement inchangées s'il s'agissait d'herbages. Sur des terres précédemment cultivées, la quantité d'eau utilisée variera selon les cas, mais Bhardwaj et al. (2011) indiquent qu'une hausse est probable.

Des conséquences sont aussi à noter en ce qui concerne la qualité de l'eau. Sur des terres dégradées ou sujettes à une forte érosion, la plantation de cultures énergétiques peut freiner le transfert de sédiments par ruissellement. À l'inverse, sur des terres initialement plantées d'herbe ou d'arbres, l'érosion pourrait s'intensifier, au moins dans un premier temps, d'où un accroissement des transferts de sédiments. En outre, les ruissellements d'azote, de phosphore et de pesticides risquent d'être plus importants car les cultures énergétiques feront généralement augmenter l'utilisation d'engrais et de pesticides (Schnoor et al., 2007).

Pratiques de gestion agricole

La seconde grande catégorie d'activités d'atténuation ayant des conséquences pour l'eau se rapporte à la gestion agricole. La modification des pratiques vise à faire reculer les émissions en utilisant moins d'intrants et/ou en favorisant la fixation du carbone dans le sol. Sont concernés la culture et l'élevage.

Travail du sol

Il existe plusieurs façons de stimuler la séquestration ou de réduire les émissions en modifiant les pratiques culturales et la composition des cultures. La modification des façons culturales, notamment l'abandon du travail du sol au profit de techniques culturales simplifiées permet de réduire le niveau de perturbation du sol et le ruissellement tout en laissant plus de résidus de culture dans les champs. Du point de vue quantitatif, le surplus de matière organique retient l'eau et peut réduire les besoins d'irrigation (Holland, 2004). Ce type d'intervention limiterait les volumes d'eau de ruissellement alimentant les nappes superficielles mais favoriserait l'infiltration dans les nappes souterraines (Pikul et Aase, 2003). Du point de vue qualitatif, le changement de façons culturales est depuis longtemps recommandé pour lutter contre l'érosion (Beasley, 1972 ; Moldenhauer et al., 1983) et permet de réduire le transfert d'éléments nutritifs (Holland, 2004, Rabotyagov et al., 2010). La quantité d'herbicides présente dans les eaux de ruissellement pourrait au contraire augmenter (Wright et al., 2012).

Choix culturaux et cultures pérennes

La modification de l'éventail des cultures pratiquées et le passage possible à des cultures pérennes fait également partie des mesures d'atténuation envisageables pour réduire les émissions et stimuler la fixation du carbone dans le sol. Il s'agit en général de privilégier des cultures à plus faible intensité d'émissions ou de remplacer les cultures annuelles par des variétés pluriannuelles. Si l'on considère l'impact quantitatif sur les ressources en eau, il peut y avoir une modification des besoins d'irrigation, la quantité d'eau nécessaire par hectare et par tonne de produit variant selon les cultures (Mekonnen et Hoekstra, 2010). Les cultures pluriannuelles peuvent limiter le ruissellement et l'infiltration d'eau dans les nappes souterraines, ainsi que les transferts de sédiments. La situation dépendra aussi largement de l'éventail des cultures pratiquées et de leur mode de gestion, comme le confirment les travaux de Rabotyagov et al. (2010) par exemple (la charge de phosphore pouvant varier d'un facteur six).

Gestion de l'irrigation

Il est possible, en améliorant la gestion de l'irrigation et son efficience et en utilisant des outils institutionnels de gestion de l'eau intégrés à l'échelle des bassins, d'améliorer la conservation et la qualité des ressources en eau et de réduire l'utilisation de combustibles fossiles (grâce à la réduction du pompage) et partant les émissions (Schaible et Aillery, 2012). S'agissant de la qualité de l'eau, la suspension de l'irrigation fait généralement baisser les quantités de sédiments et d'éléments nutritifs déplacées (Bjorneberg et al., 2002), mais cette réduction sera plus ou moins importante selon les choix opérés. Enfin, le fait d'encourager les économies d'eau, en employant des systèmes d'irrigation plus efficients et d'irrigation déficitaire, ne fait pas toujours diminuer l'utilisation d'eau, ni les émissions qui s'y attachent. En effet, de telles mesures font baisser les coûts de production d'une culture ce qui peut faire augmenter la superficie cultivée et partant la quantité d'eau utilisée, de même que les quantités de pesticides et d'éléments nutritifs déplacées par ruissellement, au détriment de la qualité de l'eau (Pfeiffer et Lin, 2010 ; 2013).

Gestion des engrais

La gestion des engrais peut être perfectionnée pour réduire les émissions d'hémioxyde d'azote du sol et les émissions de carbone produites durant leur fabrication. Il est possible d'appliquer moins d'engrais de façon à limiter les excédents et d'améliorer l'assimilation par les végétaux. Il s'agira en l'occurrence d'utiliser des techniques d'application plus précises et des engrais à diffusion programmée, de revoir les calendriers d'application pour mieux tenir compte des périodes d'assimilation, d'utiliser des légumineuses en rotation ou comme couvertures hivernales, et d'employer des inhibiteurs de nitrification. La qualité de l'eau bénéficie de la réduction des quantités d'engrais utilisées qui fait diminuer les transferts d'éléments nutritifs (Ongley, 1996). La relation entre l'application d'engrais et les transferts d'éléments fertilisants par ruissellement a été bien étudiée, mais elle varie sensiblement selon les conditions locales et climatiques.

Réduction de l'utilisation de produits chimiques

Les efforts d'atténuation peuvent aussi viser à faire baisser les quantités de produits chimiques, notamment de pesticides et de chaux, appliquées par les exploitants. L'objectif serait de réduire les émissions de GES générées durant la fabrication de ces produits mais aussi d'accroître la productivité par hectare afin de limiter la superficie totale nécessaire à la production. Ces deux types d'intervention auront une incidence sur la qualité de l'eau mais elles pourraient aussi avoir des conséquences quantitatives mineures liées à la modification des besoins en chaux et en produits de remplacement. La qualité de l'eau bénéficiera principalement de la modification des transferts de pesticides ou de résidus de chaulage par ruissellement (Ongley, 1996 ; Hamilton et Helsel, 1995).

Gestion du fumier

Le fumier, selon la façon dont il est géré, peut produire d'importantes émissions de méthane en particulier lorsqu'il est stocké en bassin ou en milieu humide. Ces émissions peuvent être plus ou moins maîtrisées en utilisant des méthaniseurs, en couvrant les bassins ou réservoirs de stockage et les fumières, en épandant le fumier dans les champs ou en le brûlant. Du point de vue de la qualité de l'eau, l'épandage du fumier fait augmenter le risque de transfert d'éléments nutritifs, c'est pourquoi il importe d'éviter de l'appliquer en quantités excessives (Ribaudo et al, 2003 ; Nielsen et al., 2012). Si le fumier est enfoui dans le sol, la perte immédiate d'éléments nutritifs peut être réduite de jusqu'à 85 % (Maguire et al., 2011) et l'emploi des meilleures pratiques de gestion, d'application et de stockage peut faire baisser de 40 % les pertes par ruissellement (Young et Crowder, 1986). L'usage de méthaniseurs réduit aussi les transferts d'éléments nutritifs dans l'eau (Vanotti et al., 2008).

Sélection et choix des espèces animales

Certaines stratégies d'atténuation des émissions de GES reposent sur la sélection ou le choix des espèces. S'agissant de la sélection, plusieurs chercheurs ont constaté qu'il était possible de modifier les caractéristiques de fermentation entérique chez le bétail par manipulation génétique et d'autres ont montré que l'augmentation du temps de rétention de la nourriture dans le rumen faisait diminuer la quantité d'azote excrétée. S'agissant du choix des espèces, l'abandon de l'élevage de ruminants au profit de bétail non ruminant, notamment de porcs, de poulets de chair, de dindes et de poissons, réduirait les produits de fermentation entérique et pourrait, selon les espèces, faire baisser les quantités d'aliments du bétail par unité de viande produite (de Vries et de Boer, 2010, voir les chiffres du **graphique C.1** pour divers types de viande) et modifier les quantités de fumier produites par unités de viande produites.

Graphique C.1. Superficie agricole rapportée aux produits d'élevage (en m²/kg de produit)

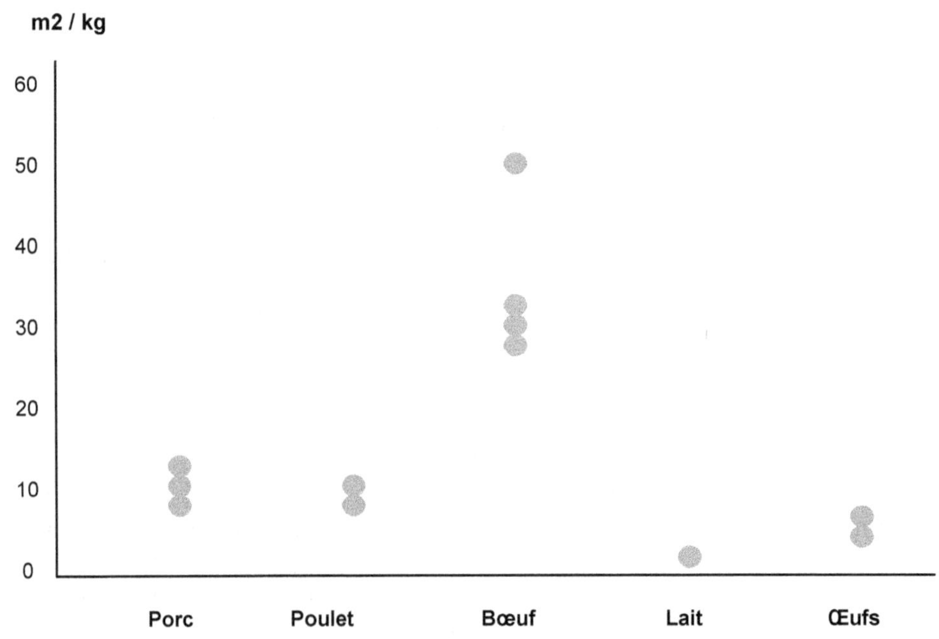

Source : de Vries, M. et I.J.M. de Boer (2010), "Comparing environmental impacts for livestock products: A review of life cycle assessments", *Livestock Science*, Vol. 128, Issues 1–3.

Le choix d'espèces consommant moins d'aliments par unité de viande produite pourrait permettre de réduire la demande totale d'aliments de bétail et les effets quantitatifs et qualitatifs correspondants sur les ressources en eau. Les effets quantitatifs pourraient être importants comme en témoignent les données sur l'empreinte-eau figurant au **tableau C.1**. Notons que l'empreinte-eau est une moyenne et non une grandeur marginale et que le choix d'autres espèces ne modifiera pas forcément l'utilisation d'eau dans ces proportions, tout comme la réduction des effectifs de bovins n'aura pas d'incidence sur l'utilisation des pâturages et des ressources en eau correspondantes. La qualité de l'eau pourrait quant à elle bénéficier de la possible modification de la teneur d'azote et de phosphore des excrétas, qui pourrait faire baisser la quantité d'éléments nutritifs transférés par ruissellement.

De plus, la modification des caractéristiques de la fermentation entérique pourrait permettre de jouer sur le rapport foin grossier/concentré dans l'alimentation des animaux, ce qui se répercutera sur l'affectation des terres et partant, sur la qualité et la quantité des ressources en eau.

Tableau C.1. Empreinte-eau de certaines viandes et d'autres produits

Produit	Par tonne de produit (m^3/tonne)	Par calorie (litre/kcal)	Par unité de protéine (litre/g protéine)
Lait	1 020	1.82	31
Œufs	3 265	2.29	29
Viande de poulet	4 325	3.00	34
Beurre	5 553	0.72	0
Porc	5 988	2.15	57
Viande ovine/caprine	8 763	4.25	63
Bœuf	15 415	10.19	112
Céréales	1 644	0.51	21
Légumineuses	4 055	1.19	19

Source : d'après Mekonnen, M.M. et A.Y. Hoekstra (2012), "A Global Assessment of the Water Footprint of Farm Animal Products", *Ecosystems*, Vol. 15.

Bioénergie

La bioénergie fait aussi partie des stratégies d'atténuation qui pourraient avoir d'importantes conséquences quantitatives (McCarl et Schneider, 2000, McCarl, 2008). Les effets du développement de la bioénergie sur la qualité de l'eau et le volume des ressources seront fonction du type de procédés utilisé, de la matière de base et de son origine. La biomasse énergétique peut servir à produire des carburants tels que l'éthanol et le biodiesel ou de l'électricité. Différents procédés peuvent être par ailleurs utilisés (fermentation éthanolique classique, production d'éthanol cellulosique, combustion de la matière de base ou conversion thermochimique de type pyrolyse).

Carburants

La production de carburants tels que l'éthanol demande beaucoup d'eau (Gerbens-Leenesa et al., 2009 ; Higgins 2009). Selon Alden (2007) le volume d'eau consommé dans une raffinerie représente entre 3.5 et 4.0 fois le volume d'éthanol produit et la culture des céréales utilisées demande 785 unités d'eau pour chaque unité d'éthanol produite (ce chiffre est trompeur car il faudrait en réalité le considérer au regard de la quantité d'eau consommée par les cultures destinées à d'autres usages). L'eau nécessaire au raffinage peut être prélevée dans les nappes souterraines ce qui a des conséquences négatives au plan local. Les effets en termes de qualité de l'eau sont dus aux engrais et pesticides appliqués pour produire la matière de base comme on l'a vu dans la section concernant la gestion agricole (voir les rapports du CWIBP 2008 ; Higgins 2009).

Électricité

La production d'électricité peut aussi consommer de grandes quantités d'eau, dont la majeure partie est à mettre au compte des cultures de matière de base, comme indiqué dans Gerbens-Leenesa et al. (2009). L'empreinte-eau de la bioélectricité est plus faible que celle des biocarburants car la combustion de la biomasse est dans ce cas plus complète. Il faudrait aussi comptabiliser l'eau utilisée dans les centrales électriques mais comme elle sert principalement au refroidissement, on peut considérer qu'il y utilisation sans véritable consommation. Les effets sur la qualité de l'eau seront principalement ceux de la culture de biomasse et certains résidus de combustion produits en faibles quantités pourraient aussi parfois avoir des effets négatifs sur la qualité de l'eau.

Pyrolyse – biochar

Il est également possible de produire de la bioénergie par pyrolyse, procédé dans lequel la biomasse est chauffée jusqu'à liquéfaction pour produire des biohuiles, du gaz de synthèse et du biochar (Lehmann et Joseph, 2009). Les effets quantitatifs sur les ressources en eau seront fonction de la consommation d'eau des cultures énergétiques et des effets du biochar. Le biochar peut être répandu sur le sol pour améliorer ses caractéristiques de rétention de l'eau et des éléments nutritifs ; il peut également réduire le ruissellement et favoriser l'infiltration dans les nappes souterraines (Lehmann et Joseph, 2009). S'agissant de la qualité de l'eau, plusieurs effets sont possibles. Les effluents issus du procédé de pyrolyse doivent être soigneusement traités afin qu'ils ne nuisent pas à la qualité de l'eau. Le biochar peut être utilisé comme charbon actif pour traiter l'eau ou épandu sur les terres. Dans ce dernier cas, il améliore les qualités de rétention et réduit les transferts d'éléments nutritifs par ruissellement.

Biomasse tirée des cultures traditionnelles et de leurs résidus

L'utilisation de cultures traditionnelles, qu'il s'agisse de céréales ou de canne à sucre, pour produire de la bioénergie devrait se traduire par une extension des surfaces consacrées à ces cultures, qui s'accompagnera des effets quantitatifs (de Fraiture, et al 2008 ; Renouf et al., 2008) et qualitatifs évoqués dans les sections ci-dessus consacrées à la gestion agricole. Elle pourrait aussi provoquer une intensification des cultures et, indirectement, un changement d'affectation des terres. L'utilisation de résidus de cultures prive le sol de sa couverture végétale, ce qui risque de favoriser l'érosion et l'entraînement par l'eau des éléments nutritifs. D'un autre côté, dans le cas de cultures laissant beaucoup de biomasse comme les céréales, le retrait des résidus ne devrait pas avoir de réelles conséquences (Wilhelm et al., 2004) et permettrait d'étendre l'usage de techniques culturales simplifiées (si les résidus sont laissés sur place, un travail plus agressif est nécessaire pour les broyer). La qualité de l'eau pourrait dans ce cas bénéficier de la réduction des transferts par ruissellement, mais l'effet pourrait être légèrement négatif en termes de quantité.

Cultures énergétiques

Les cultures énergétiques, notamment de panic érigé (switchgrass), de peuplier hybride ou de miscanthus auront aussi des conséquences pour la qualité et la quantité des ressources en eau, mais elles seront fonction des terres utilisées. Sur des terrains agricoles classiques, ces cultures devraient réduire l'érosion et le transfert d'éléments nutritifs par ruissellement mais elles exigeront de mettre en exploitation d'autres terres pour produire les cultures dont elles prennent la place. La mise en culture de terres marginales risque au contraire de renforcer l'érosion et le transfert d'éléments nutritifs puisqu'elle se substituera à des options plus propices à la conservation des sols et nécessitant moins d'intrants. Jha et al. (2009) ont étudié les effets sur la qualité de l'eau de la production de cultures énergétiques et ils ont constaté que le remplacement de cultures traditionnelles par du panic érigé améliorerait sensiblement la qualité de l'eau.

Déjections animales

Le fumier peut être utilisé pour produire de la bioénergie sous forme de biogaz. La combustion permettrait d'atténuer les conséquences pour la qualité de l'eau de la conservation des effluents d'élevage en bassin ou de leur élimination par d'autres moyens.

Transformation des sous-produits

La dernière catégorie de matières de base agricoles comprend les sous-produits transformés tels que le suif, la bagasse, les sous-produits de meunerie, et les huiles végétales. Elle est associée à une amélioration de la qualité de l'eau grâce à la réduction des transferts d'éléments nutritifs par ruissellement.

Références des annexes

Aden, A. (2007), "Water Usage for Current and Future Ethanol Production", *Southwest Hydrology* September, pp. 22-23.

Beasley, R. P. (1972), "Erosion and sediment pollution control", *Iowa State University Press*, Ames, Iowa, États-Unis, p. 320.

Bhardwaj, A.K., T. Zenone, P. Jasrotia, G.P. Robertson, J. Chen et S.K. Hamilton (2011), "Water and energy footprints of bioenergy production on marginal lands", *Global Change Biology Bioenergy*. 3(3), pp. 208-222.

Bjorneberg, D.L., D.T. Westermann et J.K. Aase (2002), "Nutrient losses in surface irrigation runoff", *Journal of Soil and Water Conservation* 57(524), pp. 524-529.

Brown, T.C. et D. Binkley (1993), "Forest practices as nonpoint sources of pollution in North America", *Water Resources Bulletin,* 29(5): pp. 729–740.

Clark, G.M., D.K. Mueller et M.A. Mast. (2000), "Nutrient concentrations and yields in undeveloped basin of the United States", *Journal of the American Water Resources Association*, Vol. 36(4), pp. 849-860.

Committee on Water Implications of Biofuels Production in the United States, J.L. Schnoor, O.C. Doering III, D. Entekhabi, E.A. Hiler, T.L. Hullar, G.D. Tilman, W.S. Logan, N. Huddleston and M.L. Stoever (2008), *Water Implications of Biofuels Production in the United States*, National Research Council of the National Academies, The National Academies Press, Washington, DC.

de Fraiture, C., M. Giordano et Y. Liao (2008), "Biofuels and implications for agricultural water use: blue impacts of green energy", *Water Policy*, Vol. 10, Supplement 1, pp. 67–81.

de Vries, M. et I.J.M. de Boer (2010), "Comparing environmental impacts for livestock products: A review of life cycle assessments", *Livestock Science*, Vol. 128, Issues 1–3, pp. 1-11.

FAO (2011), *Climate change, Water and Food Security*, FAO Water Report No. 36, Organisation des Nations Unies pour l'alimentation et l'agriculture (FAO), Rome.

Fulton, S. et B. West (2002), "Forestry impacts on water quality". In: Wear, D., and J. Greis, (Eds.). Southern forest resource assessment. General Technical Report SRS-53, Asheville, NC: US Department of Agriculture, Forest Service, Southern Research Station, pp. 501–518.

Gerbens-Leenesa, W., A.Y. Hoekstraa et T.H. van der Meerb (2009), "The water footprint of bioenergy", *Proceedings of the National Academy of Sciences of the United States of America*, Vol. 106, No. 25, pp. 10219–10223.

Hamilton, P.A. et D.R. Helsel (1995), "Effects of Agriculture on Ground-Water Quality in Five Regions of the United States", *Ground Water*, Vol. 33, Issue 2, pp. 217–226.

Hansen, J., Mki. Sato et R. Ruedy (2012), "Perception of climate change", *Proceedings of the National Academy of Sciences of the United States of America*, Vol. 109, 14726-14727, E2415-E2423.

Higgins, L.M. (2009), *Regional Differences in Corn Ethanol Production: Profitability and Potential Water Demands*, Unpublished PhD Dissertation, Department of Agricultural Economics, Texas A&M University.

Holland, J.M. (2004), "The environmental consequences of adopting conservation tillage in Europe: reviewing the evidence", *Agriculture, Ecosystems and Environment* Vol. 103, pp. 1-25.

Jha M., B.A. Babcock, P.W. Gassman et C.L. Kling (2009), "Economic and environmental impacts of alternative energy crops", *International Agricultural Engineering Journal* 18(3-4), pp. 15-23.

Lehmann J. et S. Joseph (2009), *Biochar for Environmental Management: Science and Technology*, Earthscan, Londres.

Leterme, B. et D. Mallants (2011), "Climate And Land Use Change Impacts On Groundwater Recharge", *Proceedings ModelCARE2011*, Leipzig, Allemagne, septembre.

Maguire, R.O., P.J.A. Kleinman, C.J. Dell, D.B. Beegle, R.C. Brandt, J.M. McGrath et Q.M. Ketterings (2011), "Manure Application Technology in Reduced Tillage and Forage Systems: A Review", *Journal of Environmental Quality*, Vol. 40, pp. 292–301.

Mayer, P.M., S.K. Reynolds, M.D. McCutchen et T.J. Canfield (2007), "Meta-Analysis of Nitrogen Removal in Riparian Buffers", *Journal of Environmental Quality*, Vol. 36, No. 4, pp. 1172-1180.

McCarl, B.A. (2008), "Bioenergy in a greenhouse gas mitigating world", *Choices*, 23(1), pp. 31-33

McCarl, B.A. et U.A. Schneider (2000), "US Agriculture's Role in a Greenhouse Gas Emission Mitigation World: An Economic Perspective", *Review of Agricultural Economics*, 22(1), pp. 134-159.

Mekonnen, M.M. et A.Y. Hoekstra (2012), "A Global Assessment of the Water Footprint of Farm Animal Products" *Ecosystems*, 15: 401–415.

Moldenhauer, W.C., G.W. Langdale, W. Frye, D.K. McCool, R.L. Papendick, D.E. Smika et D.W. Fryrear (1983), "Tillage for Erosion Control", *Journal of Soil and Water Conservation*, Vol. 38, No. 3, pp. 144-151

Nielsen, A., D. Trolle, M. Søndergaard, T.L. Lauridsen, R. Bjerring, J.E. Olesen et E. Jeppesen (2012), "Watershed land use effects on lake water quality in Denmark", *Ecological Applications*, 22(4), pp. 1187–1200.

Ongley, E. D. (1996), "Control of water pollution from agriculture", *FAO irrigation and drainage paper* 55, Food and Agriculture Organization of the United Nations, Rome.

Pfeiffer, L. et C.-Y.C. Lin (2013), "Does Efficient Irrigation Technology Lead to Reduced Groundwater Extraction? Empirical Evidence," unpublished paper, University of California, Davis.

Pfeiffer, L. et C.-Y.C. Lin (2010), "The effect of irrigation technology on groundwater use". *Choices*, Vol. 25 (3).

Pikul, J.L. et J.K. Aase (2003), "Water Infiltration and Storage affected by Subsoiling and Subsequent Tillage", *Soil Science Society of America Journal*, No. 67, pp. 859–866.

Rabotyagov, S.S., M.K. Jha and T. Campbell (2010), "Impact of crop rotations on optimal selection of conservation practices for water quality protection", *Journal of Soil and Water Conservation*, Vol. 65, No. 6, pp. 369-380.

Renouf, M. A., M.K. Wegener et L.K. Nielsen (2008), "An environmental life cycle assessment comparing Australian sugarcane with US corn and UK sugar beet as producers of sugars for fermentation", *Biomass and Bioenergy*, Vol. 32, Issue 12, pp. 1144–1155.

Ribaudo M., N. Gollehon, M. Aillery, J. Kaplan, R. Johansson, J. Agapoff, L. Christensen, V. Breneman et M. Peters (2003), "Manure Management for Water Quality: Costs to Animal

Feeding Operations of Applying Manure Nutrients to Land", USDA, Economic Research Service, *Agricultural Economic Report*, No. (AER-824), pp. 97.

Schaible G.D. et M.P. Aillery (2012), "Water conservation in irrigated agriculture: trends and challenges in the face of emerging demands", *USDA ERS Economic Information Bulletin* No. 99.

Schnoor J.L., O.C. Doering III, D. Entekhabi, E.A. Hiler, T.L. Huller, G.D. Tilman, W.S. Logan, N. Huddleston et M. Stoever (2007), *Water Implications of Biofuels Production in the United States*. Washington, DC, États-Unis: The National Academy of Sciences.

Van Dijk, P.M., F.J.P.M. Kwaad et M. Klapwijk (1996), "Retention of Water and Sediment by Grass Strips", *Hydrological Processes*, Vol. 10, Issue 8, pp. 1069–1080.

Vanotti, M.B., A.A. Szogi et C.A. Vives (2008), "Greenhouse gas emission reduction and environmental quality improvement from implementation of aerobic waste treatment systems in swine farms", *Waste Management*, Vol. 28, Issue 4, pp. 759–766.

Weller, D.E., T.E. Jordan, D.L. Correll et Z.J. Liu (2003), "Effects of land-use change on nutrient discharges from the Patuxent River watershed", *Estuaries*, Vol. 26, Issue 2, pp. 244-266.

Wilhelm, W.W., J.M.F. Johnson, J.L. Hatfield, W.B. Voorhees et D.R. Linden (2004), "Crop and Soil Productivity Response to Corn Residue Removal", *Agronomy*, Vol. 96, No. 1, pp. 1-17.

Wright, D.L., J.J. Marois et T.W. Katsvairo (2012), "Transitioning from Conventional to Organic Farming Using Conservation Tillage in Florida", SS-AGR-11, Agronomy Department, Florida Cooperative Extension Service, Institute of Food and Agricultural Sciences, Université de Floride.

Young, C.E. et B.M. Crowder (1986), "Managing Nutrient Losses: Some Empirical Results on the Potential Water Quality Effects", *Northeastern Journal of Agricultural and Resource Economics*, Vol. 15, No. 2, pp 130-136.

ORGANISATION DE COOPÉRATION ET DE DÉVELOPPEMENT ÉCONOMIQUES

L'OCDE est un forum unique en son genre où les gouvernements oeuvrent ensemble pour relever les défis économiques, sociaux et environnementaux que pose la mondialisation. L'OCDE est aussi à l'avant-garde des efforts entrepris pour comprendre les évolutions du monde actuel et les préoccupations qu'elles font naître. Elle aide les gouvernements à faire face à des situations nouvelles en examinant des thèmes tels que le gouvernement d'entreprise, l'économie de l'information et les défis posés par le vieillissement de la population. L'Organisation offre aux gouvernements un cadre leur permettant de comparer leurs expériences en matière de politiques, de chercher des réponses à des problèmes communs, d'identifier les bonnes pratiques et de travailler à la coordination des politiques nationales et internationales.

Les pays membres de l'OCDE sont : l'Allemagne, l'Australie, l'Autriche, la Belgique, le Canada, le Chili, la Corée, le Danemark, l'Espagne, l'Estonie, les États-Unis, la Finlande, la France, la Grèce, la Hongrie, l'Irlande, l'Islande, Israël, l'Italie, le Japon, le Luxembourg, le Mexique, la Norvège, la Nouvelle-Zélande, les Pays-Bas, la Pologne, le Portugal, la République slovaque, la République tchèque, le Royaume-Uni, la Slovénie, la Suède, la Suisse et la Turquie. La Commission européenne participe aux travaux de l'OCDE.

Les Éditions OCDE assurent une large diffusion aux travaux de l'Organisation. Ces derniers comprennent les résultats de l'activité de collecte de statistiques, les travaux de recherche menés sur des questions économiques, sociales et environnementales, ainsi que les conventions, les principes directeurs et les modèles développés par les pays membres.

ÉDITIONS OCDE, 2, rue André-Pascal, 75775 PARIS CEDEX 16
(51 2014 03 2) ISBN 978-92-64-23506-9 – 2015-01

www.ingramcontent.com/pod-product-compliance
Lightning Source LLC
LaVergne TN
LVHW080658011026
849160LV00014B/1477
9789264235069